浙江省可再生能源建筑规模化应用

工程案例汇编

可再生能源在建筑中的规模化应用关键技术研究与示范课题组◎编著

U0396659

浙江工商大學出版社
ZHEJIANG GONGSHANG UNIVERSITY PRESS

图书在版编目（CIP）数据

浙江省可再生能源建筑规模化应用工程案例汇编 /
可再生能源在建筑中的规模化应用关键技术研究与示范课
题组编著 . — 杭州 ： 浙江工商大学出版社， 2017.11
ISBN 978-7-5178-2406-0

Ⅰ．①浙… Ⅱ．①可… Ⅲ．①再生能源－应用－生态
建筑－建筑工程－案例 Ⅳ．① TU18

中国版本图书馆 CIP 数据核字（2017）第 256743 号

浙江省可再生能源建筑规模化应用工程案例汇编
可再生能源在建筑中的规模化应用关键技术研究与示范课题组 编著

责任编辑	何小玲
责任校对	贺　然　陈晓慧　穆静雯
封面设计	林朦朦
责任印制	包建辉
出版发行	浙江工商大学出版社
	（杭州市教工路 198 号　邮政编码 310012）
	（E-mail：zjgsupress@163.com）
	（网址：http://www.zjgsupress.com）
	电话：0571-88904980，88831806（传真）
排　　版	风晨雨夕工作室
印　　刷	虎彩印艺股份有限公司
开　　本	787 mm×1092 mm　1/16
印　　张	11.5
字　　数	280 千
版 印 次	2017 年 11 月第 1 版　2017 年 11 月第 1 次印刷
书　　号	ISBN 978-7-5178-2406-0
定　　价	40.00 元

编写人员名单

主　编：王建奎　林　奕　李井会

编　委：（排名不分先后）

王靖华	张敏敏	叶水泉	刘月琴	葛方根	郭伟萍
杨松杰	金国庆	李剑峰	姚卫国	叶　宏	焦金龙
米　孟	付　凯	石　磊	邵　炯	林霞君	沈旭晟
吴　策	王根富	金剑波	顾勇军	陆金法	董　涛
吴剑青	毕向群	李新富	胡纯星	周家志	刘先明
魏运新	陆　麟	陈永攀	方徐根	邱建华	杨　敏
木石彭	宋　静	邢艳艳	张冀豪	葛　晓	潘宏晓

前　言

　　为了全面贯彻落实绿色发展理念，解决浙江省高新技术产业、战略新兴产业和社会民生领域发展中的关键性问题，浙江省科学技术厅组织实施了重大科技专题项目"可再生能源在建筑中的规模化应用关键技术研究与示范"（2014C01002）。

　　本案例汇编由该课题承担单位——浙江省建筑科学设计研究院有限公司组织相关课题参与单位共同编制完成。

　　课题研究期间，课题组建设并实施了40余个可再生能源建筑规模化应用示范工程，示范内容包括太阳能热水供应、太阳能光伏发电、地源（土壤）热泵、空气源热泵热水供应，以及上述技术的综合利用等。

　　本案例汇编挑选了其中具有代表性的18个可再生能源建筑规模化应用示范项目进行介绍和分析，力求全面展示浙江省可再生能源建筑应用的特点和成果，供从事可再生能源建筑应用的专业人士参考。由于编制水平有限，书中难免疏漏和不妥之处，敬请读者和同行批评指正。

　　全书的内容包括两篇。第一篇为可再生能源建筑应用案例，包括地源热泵工程案例、太阳能热水工程案例、太阳能光伏工程案例、空气源热泵热水工程案例；第二篇编录了我国及浙江省有关可再生能源建筑应用的部分法律法规及政策措施文件。

目 录

第一篇 可再生能源建筑应用案例

第二篇　法律法规政策汇编（节选）

第一篇

可再生能源建筑应用案例

1 地源热泵工程案例

1.1 衢州市纪检监察科技信息中心大楼

1.1.1 项目概况

1.1.1.1 基本信息

本项目位于浙江省衢州市，总建筑面积约 10362.9 m²。总共有 3 栋建筑：信息中心楼、廉政教育楼及附属楼、陪护及外来住宿楼。这 3 栋建筑均采用中央空调地源热泵系统，地源侧采用全地埋系统，机房设置于廉政教育楼及附属楼的地下室。

竣工时间：2014 年调试完成，工程竣工验收合格，2015 年正式投入运行。

图 1.1-1　项目地理位置

图 1.1-2 项目效果图

1.1.1.2 投资概算

本项目由杭州龙华环境集成系统有限公司负责实施,投资概算为 310 万元。

1.1.2 可再生能源应用概况

1.1.2.1 可再生能源类型

本项目应用的可再生能源类型为浅层地热能。

1.1.2.2 可再生能源应用面积

本项目总建筑面积约 10362.9 m²,考虑到建筑实际情况,垂直埋管群井均布于建筑物周边,垂直埋管换热器设施布置占地面积约 6000 m²。

1.1.2.3 项目特点

使用侧系统:使用侧水系统采用两管制闭式系统,为水平同程变流量系统,并使用全自动定压补水装置进行系统定压和补水。空调风系统采用风机盘管+独立新风系统。设置 1 台热回收机组,在夏季提供生活卫生热水系统需求的热水。

地源侧系统:本项目地埋管换热器采用垂直钻孔埋管的方式,配置有 2 套土壤温度数据采集系统。在室外地埋管区域选择采集点,每个采集点垂直方向沿岩土层结构设置分布式温度传感器,对地埋管区域的土壤温度数据进行全年采集分析,以对空调实际运行方式进行科学的指导。

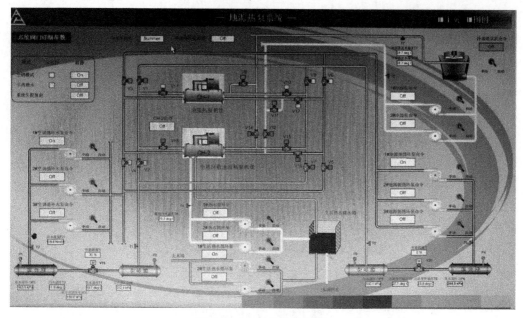

图 1.1-3　系统监控界面

1.1.3 可再生能源设计施工说明

1.1.3.1 设计要点

a）本项目地埋管换热器采用垂直钻孔埋管的方式，设计寿命为 50 年。

b）考虑到建筑实际情况，垂直埋管群井均布于建筑物周边。其形式为双 U 型 De25 管，管材及管件采用高密度聚乙烯 PE 管（1.6 MPa）。

c）地埋管换热器垂直钻孔直径为 150 mm，其回填材料采用原土混合一定比例的砂、水泥。

d）地埋管换热器主要设计数据：总井数 249 口，井距 4.0 m 以上，井径 150 mm。

e）钻孔设计参数：参考《衢州市纪检监察科技信息中心项目地埋管热响应测试报告》，按夏季土壤每延米换热量 55 W，冬季土壤每延米换热量 50 W 设计；深度 81.5 m，有效换热深度 80 m；布置间距 4.0 m；孔径 150 mm，钻孔数量 249 个。为便于水量平衡，地埋区域设置 4 台二级地源侧分（集）水器，总共设置 4 组（8 台）二级分（集）水器。

f）地埋管换热器内循环介质为水，不加防冻剂。

g）土壤温度数据采集系统设计：本项目设有 2 套土壤温度数据采集系统。在室外地埋管区域选择采集点，每个采集点垂直方向沿岩土层结构设置光纤分布式温度传感器，对地埋管区域的土壤温度数据进行全年采集分析，以对空调实际运行方式进行科学的指导。

h）地源热泵中央空调机房配套设计了 1 套 DDC 群控系统，对机房设备运行、地源热泵系统优化运行、地源侧土壤温度数据历史记录趋向分析等方面，进行科学管理和节能运行指导管理。

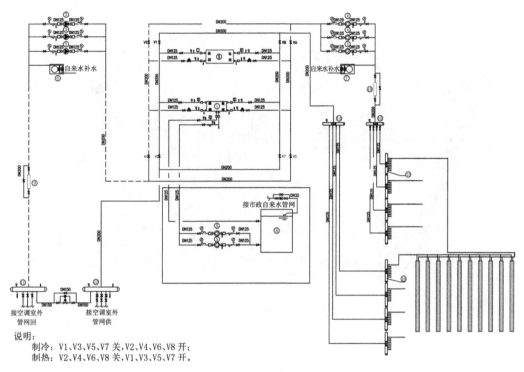

说明:
　　制冷:V1、V3、V5、V7 关,V2、V4、V6、V8 开;
　　制热:V2、V4、V6、V8 关,V1、V3、V5、V7 开。

图 1.1-4　机房系统图

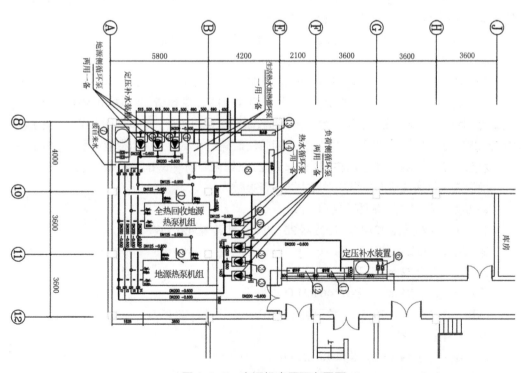

图 1.1-5　空调机房平面布置图

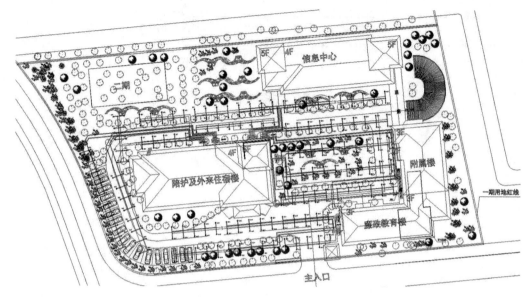

图 1.1-6　地埋平面布置图

1.1.3.2　设备选型

本项目应用的可再生能源类型为浅层地热能，夏季总负荷约 745.64 kW，冬季总负荷约 478.88 kW，生活热水负荷 300 kW。其中：

信息中心楼夏季总负荷约 240.04 kW，冬季总负荷约 154.52 kW；

廉政教育楼及附属楼夏季总负荷约 219.58 kW，冬季总负荷约 142.25 kW；

陪护及外来住宿楼夏季总负荷约 286.02 kW，冬季总负荷约 182.11 kW。

本项目中央空调系统冷、热源，选用制冷量 421 kW、制热量 380 kW 的螺杆式热泵机组 2 台，其中：标准型热泵机组 1 台，全热回收型热泵机组 1 台。夏季冷冻水供 / 回水温度为 7/12℃，冬季机组进水温度 55℃，全热回收侧最高出水温度 60℃。相应配置 2 台空调侧循环水泵、2 台源侧循环水泵，与主机一一对应。机组采用满液式 R134a 环保冷媒。

地源热泵机房选用的机组及附属主要设备参数为：

a）全热螺杆式地源热泵机组（1 台）：

制冷工况（蒸发器 12/7℃，冷凝器 25/30℃）：制冷量 421 kW。

输入功率：70 kW。

蒸发器：流量 72 m³/h，压降 45 mH₂O。

冷凝器：流量 84 m³/h，压降 46 mH₂O。

制热工况（源水侧 10/5℃，负荷侧 55/60℃）：制冷量 380 kW。

输入功率：130 kW。

蒸发器：流量 84 m³/h，压降 46 mH₂O。

冷凝器：流量 72 m³/h，压降 45 mH₂O。

全热回收工况（源水侧 12/7℃，负荷侧 55/60℃）：制冷量 404 kW。

全热回收冷凝器：流量 69 m^3/h，压降 44 mH_2O。

b）标准螺杆式地源热泵机组（1 台）：

制冷工况（蒸发器 12/7℃，冷凝器 25/30℃）：制冷量 421 kW。

输入功率：70 kW。

蒸发器：流量 72 m^3/h，压降 45 mH_2O。

冷凝器：流量 84 m^3/h，压降 46 mH_2O。

制热工况（源水侧 10/5℃，负荷侧 55/60℃）：制冷量 380 kW。

输入功率：130 kW。

蒸发器：流量 84 m^3/h，压降 46 mH_2O。

冷凝器：流量 72 m^3/h，压降 45 mH_2O。

c）空调循环水泵（3 台，二用一备）：

型号：DFW100-160/2/15。

参数：L=90 m^3/h，H=32 mH_2O，N=15 kW。

d）源水侧循环水泵（3 台，二用一备）：

型号：DFW100-160/2/15。

参数：L=105 m^3/h，H=32 mH_2O，N=15 kW。

e）热水侧循环水泵（2 台，一用一备）：

型号：DFW100-100A/2/4。

参数：L=80 m^3/h，H=10 mH_2O，N=4 kW。

f）生活热水蓄水箱（1 台）。

图 1.1-7　主机连管图

图 1.1-8　水泵连管图

图 1.1-9　分（集）水器　　　　　　　　　图 1.1-10　水箱

1.1.3.3　施工要点说明

a）土壤换热器施工前应了解埋管场地内已有及需要敷设的地下管线，其他地下构筑物的功能及其准确位置，并进行地面清理工作。地埋管施工时，应避开并严禁损坏其他地下管线及构筑物。施工安装完成后，应在埋管区域做出标志或表明管线的定位带，并以现场的 2 个永久目标进行定位。

b）钻孔前应根据室外地埋管总平面图做好测量放线及管孔定位工作，应采用专业的钻孔机、压浆机及钻头。钻孔机的钻孔深度应超过设计深度 0.2 m，确保埋管深度达到设计要求。

c）地埋管换热器的组装应和钻孔相配合，即每钻完一孔且孔壁固化后应立即把预备装填的 U 型管热交换器安装到竖井中，并且用导管从底部向顶部灌浆。回填材料采用原浆＋黄沙（配比为 8∶2）。灌浆前计算好每个井需用灌浆液的量，且须保证一次灌浆完毕。

d）地埋管热交换器水压试验，即在竖埋管下管前、地埋管下管后并回填前、水平埋管掩蔽前、系统全部安装完毕后的 4 次水压试验，符合相关技术规程规范规定的水压试验操作步骤及要求。

e）地埋管钻孔、垂直埋管的位置、深度，以及地埋管的直径、壁厚及长度，均应符合设计要求；地埋管换热器、环路集管及连接管水压试验，应合格；各项施工记录、试验报告、隐蔽记录及竣工图，均应符合实际和设计要求。

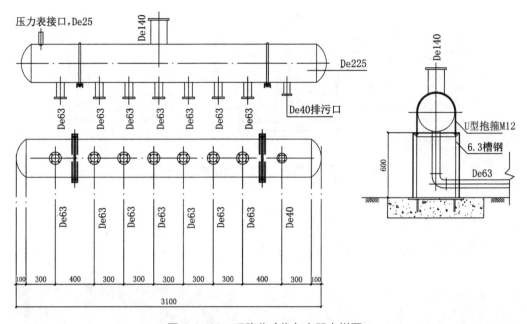

图 1.1-11　环路分（集）水器大样图

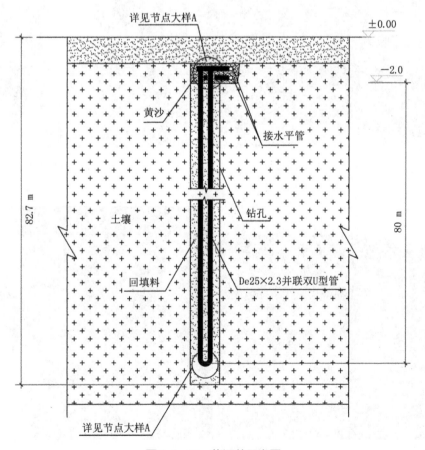

图 1.1-12　能源井示意图

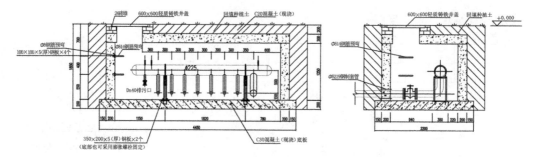

图 1.1-13　环路分（集）水器检查井大样图

1.1.3.4　施工过程

本项目施工过程如图 1.1-14～1.1-19 所示。

图 1.1-14　地埋管放管

图 1.1-15　分支管施工

图 1.1-16　水平管施工（1）

图 1.1-17　水平管施工（2）

图 1.1-18　分（集）水器施工（1）　　　图 1.1-19　分（集）水器施工（2）

1.1.3.5 地源热泵系统运行记录

表 1.1-1　地源热泵空调机组运行记录（1#）号机组

日期：2017 年 7 月 20 日

天气情况：晴

记录时间	热水箱系统		工　　况					
	运行温度		制冷（夏季）		环境温度℃	设定温度℃	制热（冬季）	
	出水温度℃	进水温度℃	使用侧出水温度℃	回水温度℃			地埋侧出水温度℃	回水温度℃
8：00			14	18	38	7	24	26
9：00			10	16	38	7	24	27
10：00			8	11	38	7	25	27
11：00			8	12	38	7	25	28
12：00			7	11	38	7	25	28
13：00			7	12	38	7	25	28
14：00			7	12	38	7	25	29
15：00			7.5	13	38	7	25	29.5
16：00			7	12	38	7	26	29
17：00			7	12	38	7	25	28
18：00			7	11	38	7	25	28

表 1.1-2　地源热泵空调机组运行记录（2#）号机组

日期:2017 年 7 月 20 日
天气情况:晴

记录时间	热水箱系统		工　况					
	运行温度		制冷（夏季）		环境温度℃	设定温度℃	制热（冬季）	
	出水温度℃	进水温度℃	使用侧出水温度℃	回水温度℃			地埋侧出水温度℃	回水温度℃
8:00	35	40	13	17	38	7	23	25
9:00	37	42	10	15	38	7	24	26
10:00	39	43	9	12	38	7	24	26
11:00	40	44	9	12	38	7	26	29
12:00	42	45	8	11	38	7	25	29
13:00			7	11	38	7	24	30
14:00			7	10	38	7	24	26
15:00			7	11	38	7	25	28
16:00	45	47	7	11	38	7	24	26
17:00	48	50	7	12	38	7	25	29
18:00	50	52	7	12	38	7	25	29

1.2 浙江省建筑科学设计研究院——地源热泵改造再利用

1.2.1 项目概况

1.2.1.1 基本信息

该地源热泵系统原服务建筑为浙江省建筑科学设计研究院办公楼，建筑面积 2300 m^2，房间数约 120 个。因浙江省建筑科学设计研究院整体搬迁至相距约 20 m 的浙江省建设科技研发大厦，对原中央空调系统进行了改造再利用。

新服务建筑为浙江省建设科技研发大厦 1、2 层的某证券公司营业部，建筑面积 1200 m^2。

竣工时间：2017 年 10 月 1 日。

图 1.2-1　项目地理位置

1.2.1.2 投资概算

本项目由浙江建科建筑节能科技有限公司负责实施，末端系统更新 18 万元，地埋输送管路更新改造 5 万元，机房改造及综合调试 6 万元。

1.2.2 可再生能源应用概况

1.2.2.1 可再生能源应用面积

本项目建筑面积 1200 m^2。

1.2.2.2 可再生能源类型

本项目应用的可再生能源类型为地源热泵,属地源热泵中央空调系统的改造再利用。改造时保留了原系统的机房部分和地埋管部分,将用户侧迁改至相距约 20 m 的新建大楼 1、2 层,继续发挥原地源热泵的节能减排作用,节省新建费用。

1.2.2.3 项目特点

浙江省建筑科学设计研究院老办公楼地处杭州市文二路 28 号,位于杭州市中心,2009 年起使用地源热泵中央空调系统。

地源热泵机房设在大楼 1 层中间位置,设 2 台螺杆式地源热泵机组,制冷量为 2×105 kW,制热量为 2×117 kW,用户侧、地源侧循环泵流量为 25 m^3/h,扬程为 20 m,地埋管井 42 孔,每孔深度为 80 m,采用 DN25 单 U 型埋管方式。

地源热泵系统自投入使用以来,运行正常,发挥了应有的节能减排效果。

1.2.3 可再生能源设计施工说明

改造项目不同于新建项目,施工单位较多,相互配合内容较复杂。

本工程分为机房改造、室外循环管路改造、室内空调末端改造 3 个部分,分别由 3 个主体单位实施。实施过程中对 3 项工程分别制定了验收标准,互查互验,统一调试。调试过程中曾出现气堵、阀门开关动作不符、水泵喘振等诸多问题,在 3 家施工单位的共同努力下逐一化解,最终改造项目顺利完成,面临报废的地源热泵系统重获新生。

改造再利用方案是保留原系统的机房部分和地埋管部分,为浙江省建设科技研发大厦 1、2 层某证券公司营业部提供中央空调服务。证券公司空调冷负荷约 110 kW,热负荷约 80 kW。空调冷负荷约为原单台空调热泵机组负荷的 100%,可达到机组高效运行效率。原系统 2 台热泵机组保留,系统改造为一用一备。冷媒水循环泵更换为流量 25 m^3/h,扬程 30 m(2 台)。

证券公司与原机房相距约 100 m,冷热水输送管路采用保温管直埋方案。空调水主管沿老办公楼底部墙边绿化带敷设,横穿入口车道,从新办公楼东侧进入大楼室内,总长约 100 m,预留与室内系统的接口。室内部分采用风机盘管+新风系统。空调水管支、干管沿走廊吊顶敷设,冷凝水就近排至卫生间或地漏。风机盘管安装采用暗装方式,安装在室内吊顶上。送风方式采用侧送下回方式。新风采用集中新风系统。

图 1.2-2　机房安装图

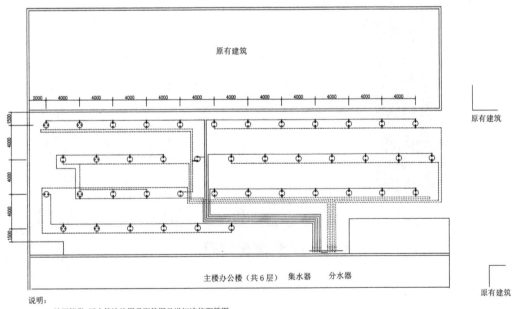

说明:

1. 地埋管供、回水管连接图及配管图见详细连接配管图;

2. 此图为布置图,可根据现场具体位置做细小调整,孔间距根据现场实现情况,间距应做到 4.0 m 以上;

3. 共设计 42 个孔,孔深 80 m,每 7 个孔一个环路,共 6 个环路。

图 1.2-3　各环路水平管连接布置图

施工说明：

    1. 拆除地源热泵机房用户侧水泵及用户侧管路，拆除热泵机房生活热水循环系统及相应管路。

    2. 更换用户侧水泵 2 台，规格参数：立式流量 25 m³/h，扬程 30 m。

    3. 新敷设用户侧管路采用预制直埋保温钢管，管径 Dn80 聚氨酯保温厚度不小于 25 mm。

    4. 室外管路穿消防通道时埋深 700 mm，与消防管路合沟敷设，其余管路借用原沿墙边花坊下敷设（原花坊需部分拆除并恢复），高度为距地 200 mm。

    5. 水泵出口，B 座一楼进楼口加装钢制闸阀。

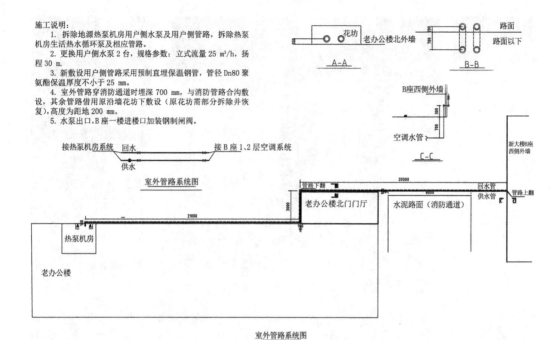

图 1.2-4　室外管路示意图

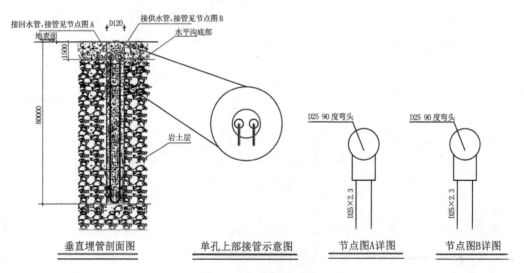

图 1.2-5　竖井施工图

1.3 滨江海创基地——既有建筑改造

1.3.1 项目概况

1.3.1.1 基本信息

滨江海外高层次人才创新创业基地（简称"海创基地"）位于风景秀丽的杭州钱塘江南岸、之江科技工业园内，北临钱塘江，与对岸六和塔遥遥相望，东侧为著名的钱塘江大桥及浙赣铁路线，交通便捷、地理位置优越。

园区按甲级写字楼标准建设，2004年建成使用时，曾被称为"亚洲第一单体建筑"。该建筑整体设计为椭圆形平面，整体建筑分为南楼（按生产厂房标准设计）、北楼（按办公研发标准设计）、中心圆厅（会议室／多功能厅）等几部分，是钱江南岸一座优美壮观的标志性景观建筑。

园区占地面积约20万 m^2，主体蛋形建筑总建筑面积约24万 m^2，于2001年7月设计，2004年10月建成并投入使用。园区建筑采用钢筋混凝土框架剪力墙结构，外立面为玻璃幕墙。

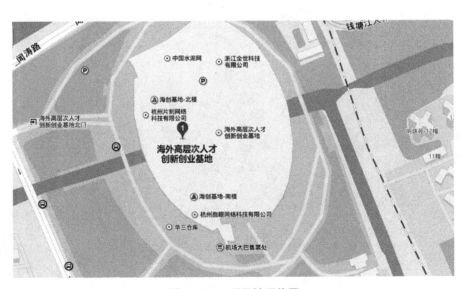

图 1.3-1 项目地理位置

图 1.3-2　项目实景图

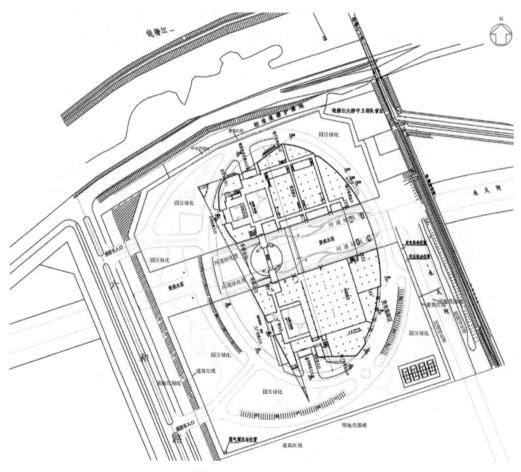

图 1.3-3　项目总平面图

1.3.1.2 投资概算

2015年，本项目进行可再生能源综合应用示范改造，以促进海创基地绿色升级和杭州低碳城市的发展。

本项目由浙江陆特能源科技股份有限公司负责实施，投资概算为6022万元，包括光伏发电系统、地源热泵系统、近零碳示范空间、智慧能源管理平台等低碳技术。

表 1.3-1 投资概算表

序 号	类 别	分 项	投资额（万元）	
1	可再生能源应用	光伏发电系统	2402	5592
2		地源热泵系统	2560	
3		近零碳示范空间	460	
4		绿化、道路等恢复及临建	170	
5	其他	智慧能源管理平台	210	430
6		展厅	220	

1.3.2 可再生能源应用概况

1.3.2.1 可再生能源应用面积

本项目建筑面积23.7万 m^2。

1.3.2.2 可再生能源类型

本项目应用的可再生能源类型为地源热泵供冷供热、太阳能光伏发电。

1.3.2.3 项目特点

（1）地源热泵供冷供热

本项目采用中央空调进行制冷采暖。原系统制冷采用6台冷水机组，采暖采用3台燃气锅炉。

对既有建筑暖通的节能改造，主要通过优化空调系统和控制系统，提高能源使用效率，积极采用清洁能源和节能技术措施等几方面来进行设计。

对空调系统的改造，采用地埋管式地源热泵系统代替燃气锅炉供热。系统改造只对机房内相关管网进行，使新、旧系统相互结合，保证安全稳定运行，并尽量将对用户的影响减到最小。

（2）太阳能光伏发电

本项目光伏系统采用组件式，提供了规模上的灵活性；光伏系统在靠近需求中心处安装，使它们的发电峰值与电力峰值需求一致；光伏分布发电可以就地用电，减小对电网的冲击。

1.3.3 可再生能源设计施工说明

1.3.3.1 设计要点说明

(1) 地源热泵供冷供热

机房部分将原有的 2 台 1000RT 离心式冷水机组改造成热泵型机组；室外部分采用单 U 型 De32 埋管，钻孔孔径取 130 mm，钻孔间距取 4 m×4 m，埋管有效深度为 120 m，室外垂直孔总数为 1070 个。

地埋管采用高密度聚乙烯管（HDPE100）；管件与管材为相同材料；管材及管件使用寿命不低于 50 年。

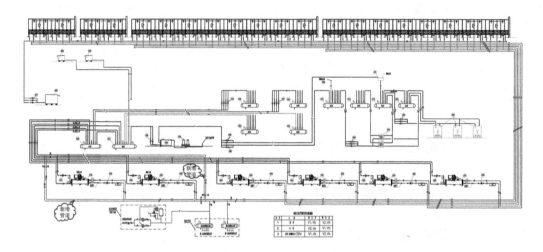

图 1.3-4　冷冻机房新旧系统对接原理图

图 1.3-5　地源热泵地埋区域

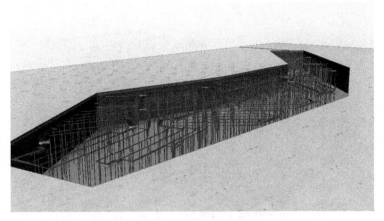

图 1.3-6　地埋管布置图

（2）太阳能光伏发电

本项目为屋顶适宜区域及停车棚安装了太阳能光伏系统，建设规模为 3000 kW。

图 1.3-7　屋顶光伏效果图

图 1.3-8　太阳能车棚

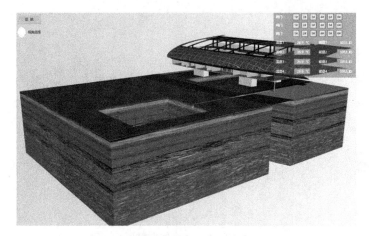

图 1.3-9　三维展示（室外）

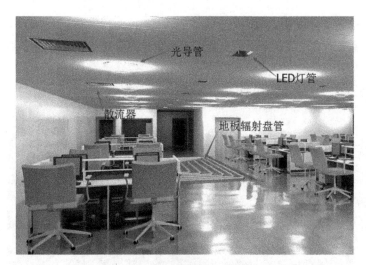

图 1.3-10　三维展示（室内）

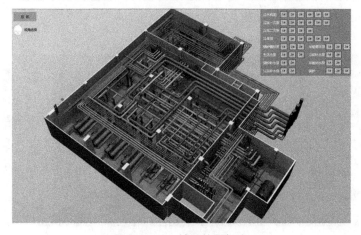

图 1.3-11　地源热泵机房

1.3.3.2 施工要点说明

（1）总体施工要求

a）管道连接采用热熔焊接方式。

b）焊接口必须符合施工规范，注意压接宽度。

c）钻井机械定位保证水平度偏差不大于1%。

d）土壤换热器施工前应了解埋管场地内已有及需要敷设的地下管线，其他地下构筑物的功能及其准确位置，并进行地面清理工作。地埋管施工时，应避开并严禁损坏其他地下管线及构筑物，施工安装完后，应在埋管区域做出标志或表明管线的定位带。地埋管换热器安装完成后，应在埋管区域做出标志或表明管线的定位带，并分区以现场的2个永久目标进行定位，必要时应在埋管区域设示踪线标明其范围。

e）钻孔前应根据室外地埋管总平面图做好测量放线及管孔定位工作，采用专业的钻孔机、压浆机及钻头。垂直钻孔深度最深处保证达到设计深度，钻孔完毕后孔壁保持完整，测量给定管孔位置及孔口标高后，使用钻机泥浆护壁、回转钻进方法成孔，施工要求钻孔深度误差不大于 50 mm，垂直度小于1%孔深，井深超过设计深度0.2 m，根据地层的不同采用不同的钻孔工艺，直到达到设计要求孔深。

（2）施工主要流程

a）接到开工令后，项目领导班子及相关管理人员到位，工人、管材、管件，以及管道熔接设备到场；首先做好施工准备工作，预制U型管及各种管道材料。

b）根据施工现场特点及设计施工图将施工区域划分为两大部分：垂直钻孔安装和水平管铺设。

c）进行水平管道的连接、敷设。

d）水平总管连接至机房。

（3）钻井工艺

在钻井施工前做3个测试孔，明确各区域地质分布详细情况，以便确定施工工期、工艺和施工顺序。因为岩土热响应测试所钻的孔，只能代表局部地质情况，大面积施工时需了解全场情况后再安排进度。

通过前期测试井的打孔过程，多点定位测试井，确定地势分布及现场地质情况，从而确定各区域打孔工艺。具体步骤如下：

a）将现场根据已知地势情况分为若干区域。根据已有的室外地埋布孔图纸，在各个区域内进行定位。

b）在每个小区域内选择1个孔作为测试井，通过打孔过程了解地质情况，记录各个区域的地质情况。

c）收集并分析各个区域的地质资料，根据测试井的岩土坚硬程度及含水量、岩石级别等，分析钻机可钻进速度及可钻进等级，结合已有数据及资料确定本项目的地质情况。

d）项目地质分布结合井深、岩石级别、钻井孔径明确钻井机型号，各个区域根据实际情况确定打孔工艺，以保证施工质量及施工进度。

e）根据岩土热响应测试报告提供的地质信息，施工时选用潜孔锤或扭矩大耐磨型钻机完成钻孔工作。

图 1.3-12　地源井打井钻孔

图 1.3-13　地埋管下管

1.3.4 地源热泵岩土热响应测试

a）通过对地埋管的测试及对测试数据的分析，本区域土壤的综合导热系数适中，地埋管的换热量较好，地质走势均匀，实施地源热泵系统完全可行。

b）地埋管每延米换热量（De32 单 U 管设计）：夏季散热量 47.6～51 W，冬季取热量 43.8～47.8 W。

c）回填情况对换热影响较大，地埋管下管完成后，应对孔多次回填，回填密实。

d）地埋管试压需注意排空管道中的空气。

图 1.3-14　土壤热物性测试

1.4 浙江省地质资料中心——桩基埋管

1.4.1 项目概况

1.4.1.1 基本信息

本项目位于杭州市萧山区北干街道，南至山阴路，西至金山路，冬至进水河，北靠中国人民银行萧山支行。

项目总建筑面积为 34340 m²，其中地上 25992 m²，地下 8348 m²。北楼总建筑面积 25948 m²，地上 15 层，地下 2 层，总建筑高度 71.4 m。南楼总建筑面积 8392 m²，地上 6 层，地下 1 层。

图 1.4-1　项目地理位置

1.4.1.2 投资概算

本项目土建工程于 2015 年 12 月完成，浅层地温能示范工程源侧与机房系统建设正在实施中，由浙江陆特能源科技股份有限公司负责实施，工程预算金额为 850 万元。

1.4.2 可再生能源应用概况

1.4.2.1 可再生能源类型

本项目应用的可再生能源类型为浅层地热源能。

1.4.2.2 可再生能源应用面积

本项目可再生能源应用面积为 25992 m^2。

1.4.2.3 项目特点

地源热泵空调系统的桩基埋管是垂直地埋管诸多形式中的一种，也被称为"能量桩"，指的是地下换热器与建筑物桩基嵌套，将换热管敷设在钻孔灌注桩或空心预制管桩内，为热泵机组提供冷热源的工艺。

系统由桩基内垂直换热器、垫层内水平集管、分（集）水器组成。

充分利用建筑桩基，将地下换热器与建筑物桩基嵌套，即在预制管桩、混凝土灌注桩、地下连续墙内敷设 U 型、W 型或螺旋型换热管，省却钻孔工艺，节约施工费用，能更有效地利用建筑物底板下的面积。

桩基埋管与其他埋管方式相比，主要有以下优点：

a）不占用建筑物以外的土地面积，节约了地下空间。

b）省去钻孔和埋管的额外费用（该费用占土壤源热泵系统成本的50%），降低工程投资，加快施工进度。

c）由于建筑物桩基的自有特点，地埋管与桩、桩与大地接触紧密，从而减少了接触热阻，强化了循环工质与大地土壤的传热。

1.4.3 可再生能源建筑应用设计概况

本项目夏季设计冷负荷为 2296 kW，冬季设计热负荷为 1862 kW，生活热水负荷为 38 kW。

根据项目规模及用途，综合考虑初始投资、运行管理费用、使用效果等情况，本项目冷热源主要采用土壤源换热系统，夏季峰值负荷通过设于楼顶的冷却塔进行调峰，生活热水由 1 台单热地源热泵机组制取（制热量 43.9 kW）。夏季制冷由 2 台标准地源热泵机组（制冷量每台 927.1 kW）和 1 台冷水机组（制冷量 745.6 kW）制取，冬季制热由 2 台标准地源热泵机组（制热量每台 957.9 kW）制取。

热泵机组处于制冷工况时，蒸发器侧进出水温度 7/12℃，冷凝器侧进出水温度 25/30℃；处于制热工况时，机组蒸发器侧进出水温度 10/5℃，冷凝器侧进出水温度 40/45℃（空调侧）。

冷水机组夏季制冷时冷冻水侧进出水温度 12/7℃，冷却水侧进出水温度 32/37℃。

生活卫生热水单独采用涡旋式热水地源热泵机组 1 台，机组制取生活热水时进出水温度 50/ 55℃，最高出水温度 55℃。用户生活热水通过设于机房内的生活热水箱供给，并保证生活热水供给时间不小于 90 分钟。生活热水箱发出指令, 水泵开启, 电动阀开启, 水流开关检测水流状态, 主机开启, 当发生断水故障时, 自动停机。机房位于地下室北侧。

表 1.4-1　主机选型配置简表

		热水	标准	单冷
主机编号		HRHN0121（1 台）	PSRHH-2402（2 台）	CSRH-2001（1 台）
制冷量（kW）		41.3	927.1	745.6
制冷功率（kW）		7.5	159.8	148.5
制热量（kW）		43.9	957.9	/
制热功率（kW）		10.6	211	/
冷冻水流量		7.9	159.5	128
冷冻水压降		30	81	54.4
冷却水流量		8.3	185.3	152
冷却水压降		5.9	73	62.1
制冷能效 EER		5.51	5.8	5.01
制热能效 COP		4.14	4.53	/
外形尺寸（mm）	长（mm）	850	3800	3050
	宽（mm）	660	1150	1380
	高（mm）	1140	2125	1800
运行重量（kg）		334	4000	2950

注: ①地下环路制冷工况: 负载进水温度 12℃, 出水温度 7℃; 源水进水温度 30℃, 出水温度 35℃。②地下环路制热工况: 源水进水温度 10℃, 负载水进水温度 40℃, 负载水出水温度 45℃。

　　本项目共设计围护桩埋管 72 口, 其中螺旋型桩基埋管 15 口, 埋管有效长度 24 m; W 型桩基埋管 27 口, 埋管有效长度 24 m; 设计孔间距 4.4 m, 桩埋管采用 PE100 给水管材, De25, 公称压力 1.6 MPa。支护桩埋管每延米夏季散热能力取 150 W, 每延米冬季吸热能力取 120 W; 设计总散热量为 259.2 kW, 总吸热流量为 207.36 kW。

　　本项目设计垂直钻井总数为 390 口; 单口垂直井有效深度分别为 60 m、80 m、100 m; 对应孔数分别为 38 口、56 口、296 口; 地埋管设计间距为 4 m。地埋管均布在建筑周围, 采用原浆加黄沙回填。根据热响应测试报告结果, 夏季每延米换热量 52.45 W, 冬季每延米换热量 40.79 W。

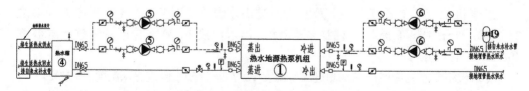

图 1.4-2　地源热泵热水系统原理图

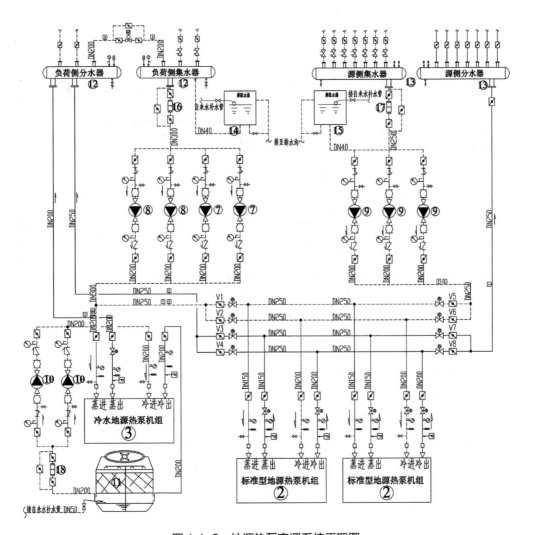

图 1.4-3　地源热泵空调系统原理图

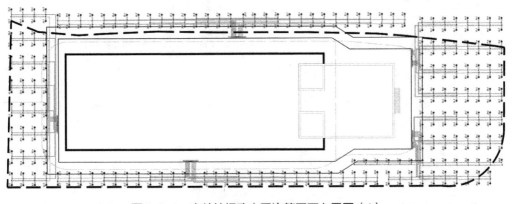

图 1.4-4　室外地埋孔水平连管平面布置图（1）

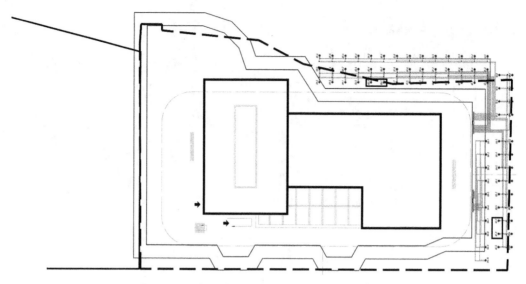

图 1.4-5　室外地埋孔水平连管平面布置图（2）

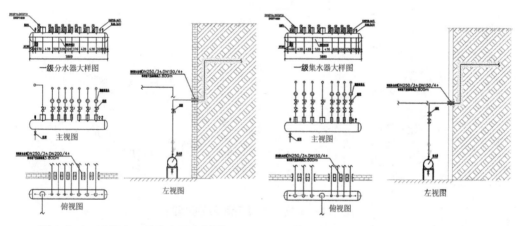

图 1.4-6　冷却水一级分水器大样图　　　　图 1.4-7　冷却水一级集水器大样图

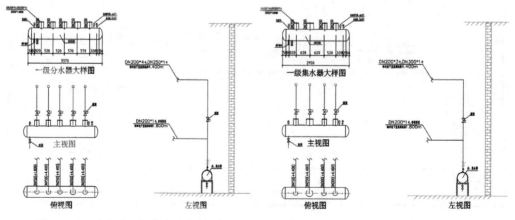

图 1.4-8　冷冻水一级分水器大样图　　　　图 1.4-9　冷冻水一级集水器大样图

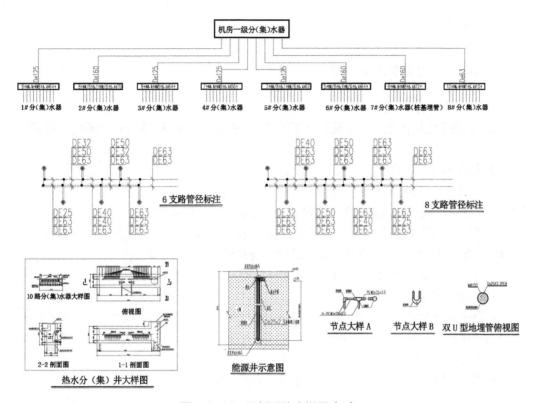

图 1.4-10　源侧系统大样图（1）

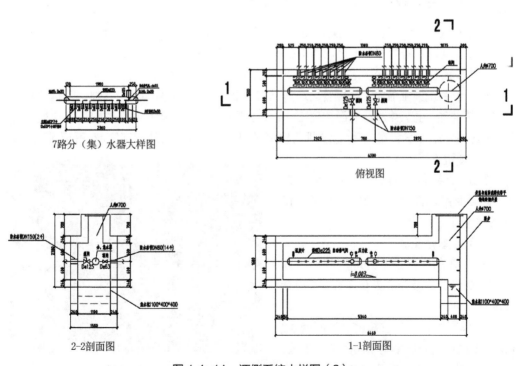

图 1.4-11　源侧系统大样图（2）

1.4.4 施工要点说明

1.4.4.1 桩基埋管施工说明

（1）PE管的绑扎

PE管的绑扎应在土建钢筋笼子施工完毕、下井前穿插施工，将PE管绑扎在钢筋笼子上。

绑扎时应注意如下事项：

a）PE管应紧贴钢筋绑扎。

b）绑扎材料采用20 cm长塑料绑带，绑扎间距应不大于30 cm。

c）第一截下井钢筋笼子上部应预留1 mPE管，中间钢筋笼子两端各留1 mPE管不进行绑扎，待两截笼子就位，PE管连接完毕，再进行绑扎。

d）绑扎完的PE管两端应采取封口处理，防止杂物进入管道。

（2）PE管的连接

在第一截钢筋笼下井完毕，第二截钢筋笼就位焊接之前，为防止电焊施工飞溅火花或电焊高温烫伤PE管，应对PE管采取保护措施，如采用橡塑保温套管保护。橡塑保温材料采用难燃B1级，防止电焊飞溅火花引起的燃烧。

橡塑套管保护位置一般为焊接点向上80 cm至井孔水面下10 cm。

钢筋笼焊接完毕，焊接点冷却15分钟后方可进行PE管连接。PE管施工应严格按照热熔标准操作，热熔完PE管应按照要求绑扎。

1.4.4.2 垂直埋管土壤换热器系统施工说明

施工安装按设计图进行。主要设备、构件及材料应有技术质量鉴定文件和产品合格证，并应按设计要求检验规格及型号，同时做好管材保护工作。

施工安装应与土建密切配合，在施工中做好质量检查和记录。

地埋管系统施工前应了解埋管场地内已有及需要敷设的地下管线，其他地下构筑物的功能及其准确位置，并进行地面清理工作；地埋管施工时，应避开并严禁损坏其他地下管线及构筑物；施工安装完成后，应在埋管区域做出标志或表明管线的定位带，并以现场的2个永久目标进行定位。

管道安装前必须清除管内污垢及杂物，必要时用水冲净。安装中的管道敞口应临时封闭。

（1）垂直钻孔施工

a）钻孔前应根据室外地埋管总平面图做好测量放线及管孔定位工作，采用专业的钻孔机。

b）垂直钻孔深度应超过设计深度0.2 m，并根据不同地层采用不同的钻孔工艺。孔壁必须保持完整，钻孔深度误差应不大

图1.4-12 施工过程图（1）

于 200 mm，成孔困难时，设壁套管保护后再施工。

c）钻孔过程中产生的废土和岩石块在钻孔完毕后应及时清理，并堆放至规定位置，使场地干净不积污，保持场地平整、清洁。

d）钻孔揭露多层地下水时，采取回填封闭措施处理。

（2）垂直地埋管安装

a）U型弯管接头，应采用定型的U型弯头成品件，不得采用直管道煨制弯头。

b）按图纸要求截取PE管长度，减少垂直管部分连接接头。

c）地埋管换热器安装应和钻孔相配合，即每钻完一孔且孔壁固化后应立即下管。U型管必须通过试压测试，无质量问题方可下管。下管时U型管宜充满水，并应带压施工，便于下管过程出现破损、泄漏状况时能及时地发现并处理。

d）U型管换热器安装完毕后，应立即回填封孔。

图 1.4-13 施工过程图（2）

图 1.4-14 施工过程图（3）

e）如在下管过程中发现垂直管泄漏或管内压力突然下降，必须及时将管道拉出，重新埋入试压合格的管道，并分析事故原因，提出整改措施。

（3）垂直竖井的灌浆回填

a）灌浆回填材料采用原浆＋黄沙。

b）垂直竖井回填前必须对垂直换热管再次进行检查，管内压力无异常变化后才能进行回填。在回填过程中，管道也须进行保压，一旦发现压力出现异常，立即停止回填，查明原因并进行处理后方可继续回填。必须将管和管孔之间的空隙填实，确保换热效果第一。

c）回填完后将留在地面的管道管口进行封堵保护，防止后续施工有泥沙进入管道，造成管道被堵。

d）对回填过程的检验必须与安装地埋管换热器同步进行。

1.4.5 勘察资料

为给地埋管地源热泵系统设计运行提供依据，现场共布设了5个地埋管热响应试验孔，编号为6A-2、6A-4、6A-6、6J-3和6J-5。试验孔的具体布设位置见图1.4-15。

热响应试验须严格按GB 50366—2005《地源热泵系统工程技术规范》（2009年版）的要求进行。

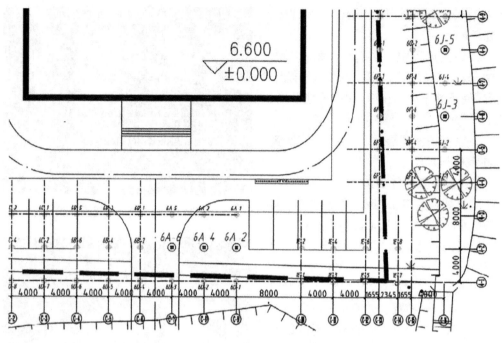

图 1.4-15　试验孔平面位置图

a) 场地上层为一般黏土、砂土层，总厚度 52.8～63.4 m；中层为砾石层，厚度 4.1～9.9 m；下层为深厚的泥质粉砂岩。

b) 用热响应测试仪法确定的土壤初始平均温度见表 1.4-2。

表 1.4-2　土壤初始平均温度

	试验孔编号						
	6A-2 (25 双U)	6A-2 (25 单U)	6A-4 (25 双U)	6A-6 (25 双U)	6J-3 (25 双U)	6J-3 (25 单U)	6J-5 (25 双U)
孔深（m）	100	100	100	100	100	100	100
初始温度 $T\infty$（℃）	20.12	20.75	19.87	19.81	20.06	20.75	21.06
测试时间	2013-10-10	2013-10-21	2013-10-19	2013-10-16	2013-10-12	2013-10-23	2013-10-26

土壤初始平均温度与测试时间和钻孔深度有关，气温越高，钻孔越深，已做过热响应试验的孔，其土壤初始平均温度越高。杭州主要空调负荷为夏天的冷负荷，不宜过分地加深地埋管热交换孔的深度。场地埋管深度范围内地层初始温度建议值为：冬天取热 18.0℃，夏天散热 21.0℃。

c) 各试验孔土壤平均导热系数、平均热扩散系数、钻孔热阻、夏天单位长度钻孔散热量、冬天单位长度钻孔取热量的实测值和建议值表 1.4-3。

表 1.4-3　各试验孔几项数据的实测值和建议值

	试验孔编号						
	6A-2 （25 双 U）	6A-2 （25 单 U）	6A-4 （25 双 U）	6A-6 （25 双 U）	6J-3 （25 双 U）	6J-3 （25 单 U）	6J-5 （25 双 U）
孔深（m）	100	100	100	100	100	100	100
流量（L/h）	1334	928	1284	1277	1267	928	1330
压力损失（kPa）	49	82	47	47	56	83	50
土壤平均导热系数（λs）	1.778	1.870	1.740	1.888	1.744	1.972	2.005
土壤平均热扩散率（$a10^{-6}m^2/s$）	0.671	0.706	0.657	0.712	0.658	0.727	0.757
钻孔热阻（mK/W）	0.056	0.132	0.067	0.064	0.068	0.148	0.057
夏天散热量（W/m）	52.86	41.77	50.08	53.10	49.98	40.10	56.21
冬天取热量（W/m）	41.11	37.48	38.95	41.30	38.87	31.19	43.72

d）建议全孔采用水泥＋砂回填，孔口 10 m 左右用水泥砂浆回填。

e）在埋管区域设置地温场监测系统，监测采暖季节、制冷季节和过渡季节地温场变化情况。

f）在热泵机房设置地埋管端进、出口温度及流量数据采集系统，监测年均向岩土层中释热量与从岩土层中的取热量，保证释热量与取热量的基本平衡，从而保证地源热泵系统长期高效运行。

1.5 杭州新天地核心区商务中心

1.5.1 项目概况

杭州新天地商务中心项目位于杭州市下城区北部东新街道（原"杭重"地块），规划用地面积 56.7 公顷，地上建筑面积 115 万 m^2，计划建设成一个集文化娱乐、商业休闲、总部商务等多功能于一体的国际化城市次级商贸商业中心及文化创意园区，建成后将成为杭州体量最大的城市综合体。

图 1.5-1　项目地理位置

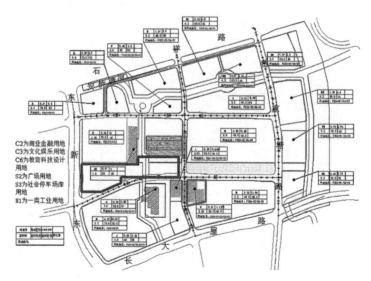

图 1.5-2　项目区位图

首期开发的核心区为工业遗存厂房改造项目，占地面积约 100 亩，地上建筑面积约 6 万 m²。地源热泵项目由浙江陆特能源科技股份有限公司负责实施。

1.5.2 可再生能源设计施工说明

1.5.2.1 设计概况

本项目为杭政储〔2012〕29 号地块地下 2 层能源中心建设，总建筑面积 900.87 m²。该能源中心负责为 9-G1、12-G2、47-H、48-I/N 及 28 号地下商业区块等 5 个区块提供全年空调所需冷热源。夏季空调设计日尖峰冷负荷为 13982 kW，冬季空调设计日尖峰热负荷为 6952 kW。

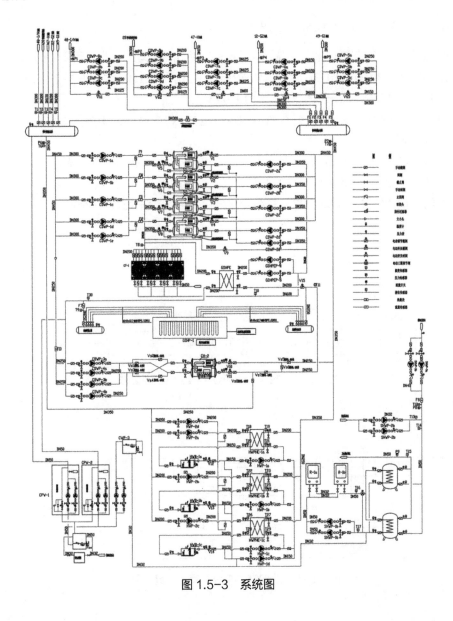

图 1.5-3　系统图

另外，本项目还为 I/N 地块酒店提供集中生活热水。生活热水利用燃气壁挂炉供应，采用容积式换热器，将生活热水和壁挂炉加热循环水隔开。设计热水用水量为每人每天 120 L（60℃）。

空调冷源按 4 台常规离心式制冷主机＋1 台地源热泵设计。常规离心式制冷主机制冷量 3437 kW，地源热泵夏季制冷量 1498 kW，制冷主机变频控制。

空调热源由 3 台 2100 kW 冷凝热回收型燃气锅炉加地源热泵提供，地源热泵冬季制热量 1460 kW。

夏季空调冷冻水供回水温度 6/13℃，冬季空调热水供回水温度 50/40℃。

为保证地源热泵系统不对项目地周围土壤温度产生不利影响，设置 1 组冷热平衡板换，用于地源热泵系统全年冷热平衡。在过渡季节室外湿球温度比较低时，开启冷热平衡板换水泵，利用冷却塔作为冷源，对土壤进行冷却和供冷。

1.5.2.2 地埋管系统设计

根据区域及热响应测试报告确认：地埋管采用钻孔垂直埋管，孔间距 4.0 m×4.0 m，有效深度 100 m，采用 φ25HDPE 管，单 U 连接，钻孔孔径 φ150。地源井共 391 口。冬季最大吸热量约 1353 kW，夏季最大放热量约 1520 kW。

根据区域和埋管布置方式，地埋管分成 4 个区域，每个分区设 1 个分集水井，内设置 1 套分（集）水器。

所有地埋管换热器环路的水平管，埋设于基础垫层之下的沟槽内，根据不同距离接至室内分（集）水器。分（集）水器采用支架垂直支撑于地面。

地埋管分（集）水器与地源热泵机组连接的总供回水管采用镀锌钢管。

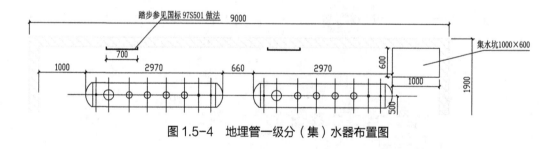

图 1.5-4 地埋管一级分（集）水器布置图

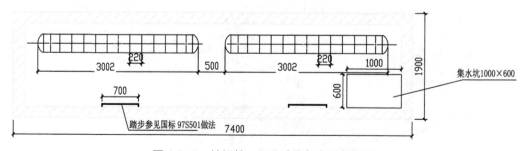

图 1.5-5 地埋管二级分（集）水器布置图

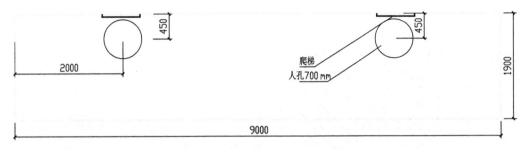

图 1.5-6　地埋管一级分（集）水器顶盖结构

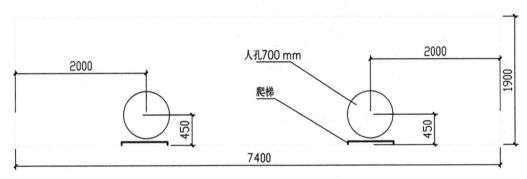

图 1.5-7　地埋管二级分（集）水器顶盖结构

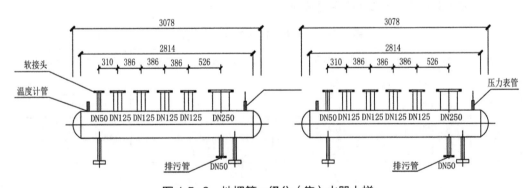

图 1.5-8　地埋管一级分（集）水器大样

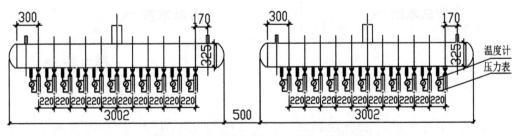

图 1.5-9　地埋管二级分（集）水器大样

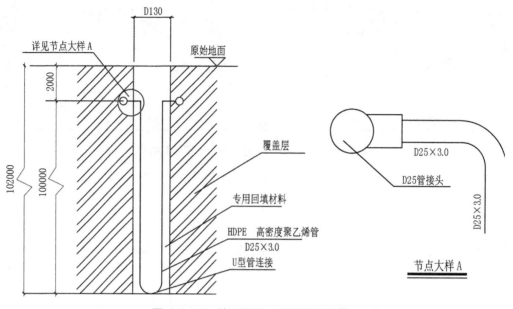

图 1.5-10　地源热泵 U 型管道示意图

1.5.3　勘察资料

详见表 1.5-1、表 1.5-2 所列主要数据。

表 1.5-1　土壤热物性主要测试数据

井孔编号	埋管深度（m）	土壤原始温度（℃）	土壤导热系数（W/m²×K）	井孔热阻（m×K/W）
S1	100	19.8	1.97	0.09
S2	100	20.35	1.93	0.11
S3	100	20.75	1.88	0.12
S4	100	20.5	1.94	0.09

表 1.5-2　土壤换热能力主要数据

	埋管深度（m）	每延米换热量（W）
制冷模式	100	38.9
制热模式	100	34.6

1.5.4　地埋管道施工

a）地埋管道采用聚乙烯（HDPE100）管，管件与管材为相同材料；管材的工作压力为 1.6 MPa，PE 管的外径及壁厚满足有关规范的要求。

b）竖直地埋管道采用热熔或电熔连接，管道连接时必须按照厂家施工技术规范标准进行。换热器U型弯管接头应选用定型的U型弯头成品件，不应采用直管道煨制弯头。

c）竖直地埋管换热器U型管的组对长度应能满足插入钻孔后与环路集管连接的要求。组对后的U型管的两开口端部，应及时密封，并做配对标记。

d）垂直双U管与水平管的连接方式为成品弯头热熔焊接，并在弯头分别设置长度为200 mm的橡塑保温层（20 mm厚），防止弯管处管道变形、破损。

e）水平地埋管铺设在沟槽内，应进行准确定位。管道的沿线临时水准点，每100 m不宜少于1个；临时水准点、管道轴线控制桩、高程桩应经过复核方可使用，并应经常校核。已建管道、构筑物等与本工程衔接的平面位置和高程，开工前应校测。

f）按照标高开挖，最后形成的沟槽底部要求平整、密实、无尖锐硬物质，沟底应夯实。管道敷设前，应先铺设厚度不小于100 mm的细砂垫层。水平管道安装时，应防止石块等重物撞击管身。管道不应有折弯、扭结等问题，转弯处应光滑，且应采取固定措施。

g）供回水集管间距保证不小于100 mm，每隔4 m设一弹簧卡保证供回水管分开，以避免热损失。

h）水平管连接完毕后在上部用细砂回填。回填料应与管道接触紧密，但不得损伤管道。

i）水平集管坡度为0.2%，水管坡度应坡向地埋管换热器分（集）水器，严禁倒坡。

j）水平管在铺设时严禁管道上下蜿蜒，造成管道积气。水管应在水平方向蜿蜒铺设，留有一定膨胀、收缩空间，避免管道热胀冷缩影响管道使用寿命。

k）地源分（集）水器接管至热泵机房的管道采用镀锌钢管，承压0.8 MPa。

l）管道连接与土建进度密切配合，基坑施工时要注意保护管道。

m）试压：

＊竖直地埋管换热器插入钻孔前，应做第一次水压试验，试验压力（表压）为1.8 MPa。在试验压力下，稳压至少15分钟，稳定后压力降应不大于3%且无渗漏现象；将其密封后，在有压状态下，插入钻孔，完成灌浆之后稳压1小时。

＊竖直地埋管换热器与环路集管装配完成后，回填前应进行第二次水压试验。在0.8 MPa试验压力（表压）下，稳压至少30分钟，稳压后压力降应不大于3%，且无渗漏现象。

＊环路集管和分（集）水器连接完成后，回填前应进行第三次水压试验。在0.8 MPa试验压力（表压）下，稳压至少2小时，且无渗漏现象。

＊地埋管换热系统全部安装完毕，且冲洗、排气及回填完成后，应进行第四次水压试验。在0.8 MPa试验压力（表压）下，稳压至少12小时，稳压后压力降应不大于3%。

＊水压试验宜采用手动泵缓慢升压，升压过程中，应随时观察和检查，不得有渗漏，不得以气压试验代替水压试验。

＊管道分段试压合格后应对整条管道进行冲洗消毒。冲洗水应清洁，浊度应小于5 NTU，冲洗流速应大于1.0 m/s，直到冲洗水的排放水与进水的浊度相一致为止。

n）竖直换热器灌浆回填料宜采用水泥和石英砂等的混合物或专用灌浆材料，回填料的导热系数宜大于2.0 W/m·K。同时，为保证每个竖直埋管的回填料填充密实，应对每口井回填料进行计量，保证每个埋管井内充满足够的填充回填料，以达到换热效果。

o）地源管穿检修小室外墙处需预埋钢性防水套管。

p）设置 2 个土壤温度探测装置，机房内设置监测工作站。测温探头为总线式数字温度传感器，垂直深度每隔 20 m 设置 1 个测试点（5 m、20 m、40 m、60 m、80 m、100 m）。

q）温度传感器封装在 De25 的 PE 管内，用钻杆下放到钻孔内。PE 管与孔壁之间的回填方法与地埋管换热孔的回填方法相同。

r）各传感器的水平信号线用 PE 管保护，随水平沟埋设，接入机房，信号线在掩埋前应检验其通断情况。

1.5.5 施工过程图

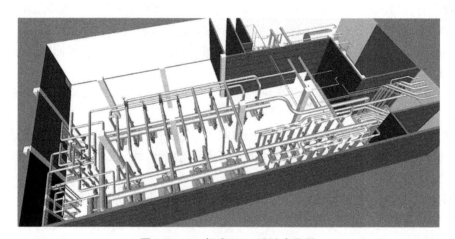

图 1.5-11　机房 BIM 设计全景图

图 1.5-12　主机 BIM 设计连管图

图 1.5-13　主机连管实景图

图 1.5-14　水泵 BIM 设计连管图

图 1.5-15　水泵连管实景图

1.6 温州现代商贸城北片改造一期

1.6.1 项目概况

温州现代商贸城（原工业品中心市场）位于温州市区西首，南临104国道，北依鹿城路，处于瓯江大桥通往市区的必经之路，紧接正在兴建中的瓯江三桥。

本项目为温州现代商贸城北片改造一期工程，由浙江陆特能源科技股份有限公司负责实施。

图 1.6-1 项目地理位置

图 1.6-2 项目实景图

1.6.2 可再生能源应用概况

1.6.2.1 可再生能源类型

本项目应用的可再生能源类型为浅层地热能。

1.6.2.2 可再生能源应用面积

本项目总建筑面积 7092.1 m²，考虑到建筑实际情况，垂直埋管群井均布于建筑物周边。

1.6.3 可再生能源设计施工说明

1.6.3.1 室内外设计参数

（1）室外计算参数

夏季：

通风计算干球温度：31.5℃。

空调计算干球温度：33.8℃。

空调计算湿球温度：28.3℃。

相对湿度：72%。

冬季：

通风计算干球温度：8.0℃。

空调计算干球温度：1.4℃。

相对湿度：76%。

（2）室内设计参数

夏季：

室内设计温度：t_{nx}=26℃。

相对湿度：40%＜φ＜65%。

商场人员新风量：16 m³/p·h。

冬季：

室内设计温度：t_{nd}=18℃。

相对湿度：30%＜φ＜60%。

1.6.3.2 设备选型

本项目地上 1、2 层建筑总面积约 7092.1 m²，经逐项逐时空调负荷计算，热泵系统空调夏季设计冷负荷为 797 kW，冷负荷指标 112 W/m；冬季设计热负荷为 324 kW。

地源热泵系统制冷运行时，冷水进出水温度为 12/7℃，制热运行时热水进出水温度为 45/40℃。

空调冷源选用 1 台螺杆式冷水机组＋1 台螺杆式标准型地源热泵机组。

冷水机组单台制冷量 503.4 kW，标准型地源热泵机组单台制冷量 340 kW。

机房设置于裙房 2 楼，地埋管位于建筑物周边。

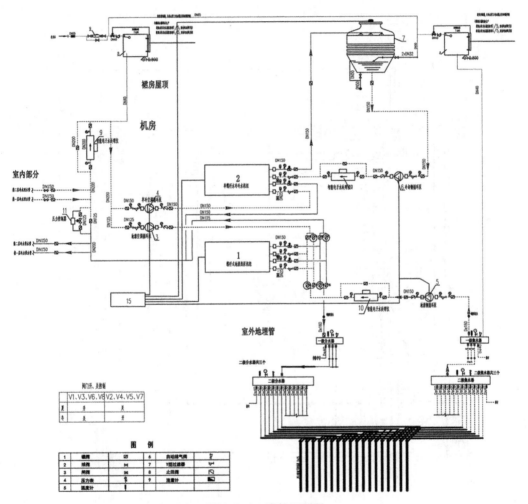

图 1.6-3 系统原理图

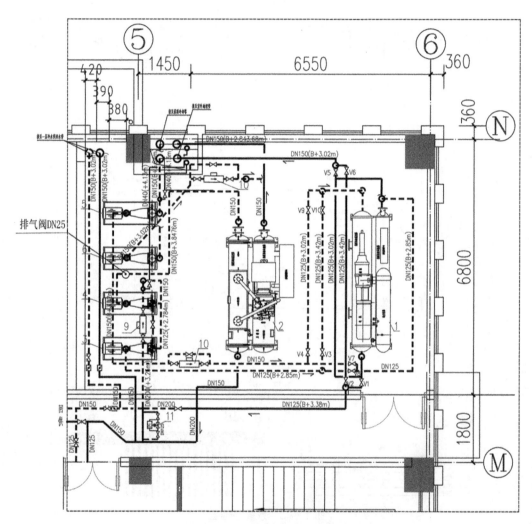

图 1.6-4 制冷机房平面图

图 1.6-5 主机安装现场图

1.6.3.3 控制系统

（1）机房空调系统控制要求

a）用户能远程，也能就地控制机房内所有控制设备的启停、开关等。

b）实现主机、相关水泵、冷却泵的联锁启停。

c）能检测并在监控界面显示系统供回水温度、各主机进出水温度及室外温湿度。

d）能记录、显示系统设备运行累计时间。

e）能根据系统负荷自动控制主机、水泵的运行。

f）系统数据库能记录系统各设备的运行时间及实时工况等，并能通过开放的数据接口将数据远传至第三方（BA）。

（2）机房系统控制原理

温州现代商贸城地下机房空调系统采用主机水泵一对一配置模式，故采用智能联动控制模式，当末端负荷发生变化时，冷冻（热）水供回水温度、温差、压力、压差、流量随之变化。系统通过供回水总管上的温度、压力传感器采集实时温度、压力、流量信号，并将信号传送至群控柜的智能控制器中。智能控制器通过特定的算法，控制相应主机、水泵等的运行，使系统运行在最佳工作状态。

分（集）水器上设置旁通调节阀，根据供回水的压力，计算出系统当前的压差，依据系统正常工作的压差来自动调节旁通阀的开度，以保证系统的正常工作。

夏季系统运行在部分负荷时，当地源侧的出水温度达到32℃时，优先启动单冷机组，这样既保证了每个区域空调系统的舒适性，又能把主机、水泵等设备的能耗降到最低，大大提高了系统的可靠性、安全性和节能性。

（3）控制方式

机房系统有 2 种操作模式。

当机房系统控制模式处于本地控制模式时，用户可以通过现场的主机、水泵等控制柜上的控制面板来控制相关设备的运行。用户需熟悉系统的操作流程（前提：系统手动阀已打开），如开机顺序为启动相应的水泵——启动相应的主机，关机顺序为关闭相应的主机——关闭相应的水泵。另外，冬夏换季时，应在停机状态下将季换阀门切换到相应的状态。当末端系统处于本地控制模式时，用户只需手动开启相应风机即可。

系统设有远程监控平台，当用户将设备控制模式切换到远程控制时，就可以在远程监控界面中手动启停系统的各相关设备，开、关机顺序与本地控制一致。

（4）网络控制功能

监控系统的关键是网络通信系统信号的传输方式。它的运行状况，直接影响整个计算机监控系统的正常工作。

本项目通信网络采用分布式控制，由管理层（节能优化控制器）和控制层（水泵智能控制柜、风机智能控制柜／箱等）二级网络构成。

管理层通过数据采集、运算、预判后向控制层发送指令，使整个系统统一调配，达到系统运行最优化、节能最大化，以及设备合理轮循。

同时，系统采用 C/S 网络架构结构，可连接多个客户端，使用与服务端相同的界面，各个客户端均可以对设备进行监视和控制。

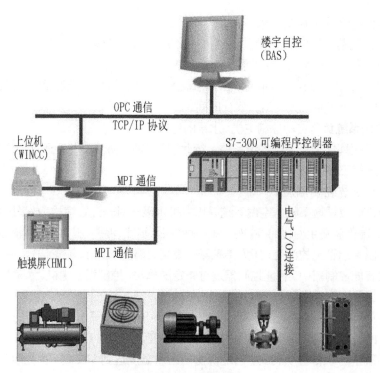

图 1.6-6　网络控制

1.6.3.4 地源侧设计

根据《温州商贸城北片改造一期工程 C-12 地块热响应测试报告》，冬季换热指标为 53 W/m，夏季换热指标为 42 W/m，设计换热考虑相互之间的叠加影响，叠加影响按 0.8 考虑。

地埋管换热系统设置在东侧沿河绿化带内，共设 108 口井，采用双 U25 垂直埋管，有效井深 68 m，成孔孔径 150 mm。矩形与梅花孔相结合。采用集管式连接方式，每口地源井换热器供回水管连接至二级分（集）水器，二级分（集）水器设通断检修阀门。

二级分（集）水器位于各地埋管分区，一级分（集）水器位于绿化内。一、二级分（集）水器均设分（集）水器检修井，检修井设检修口与通风口。该系统全部采用同程布置，分（集）水器设置手动蝶阀、压力表、自动排气阀、温度计。在一级集水器支管上加装温度计，共 3 个，通过回水温度调节阀门开启度，调整各环路的流量。地埋管换热井回填材料采用水泥加膨润土、粗砂、泥浆的复合回填料。

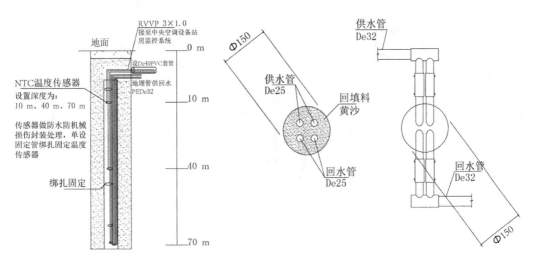

图 1.6-7　土壤温度监测井大样图　　　　图 1.6-8　垂直埋管换热器大样图

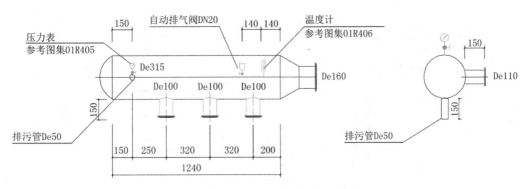

图 1.6-9　一级分（集）水器大样

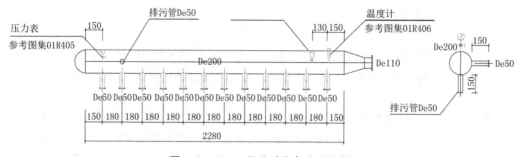

图 1.6-10 二级分（集）水器大样

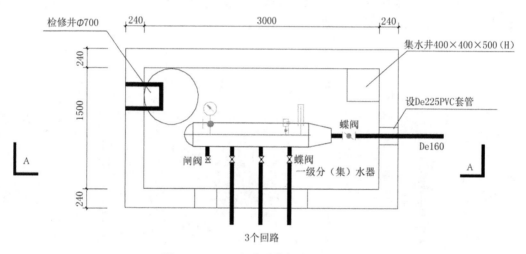

图 1.6-11 一级分（集）水器井平面图

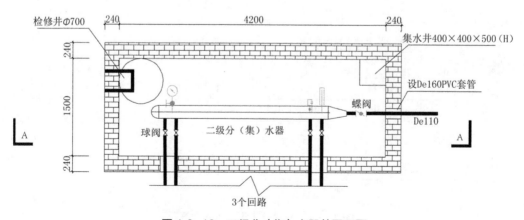

图 1.6-12 二级分（集）水器井平面图

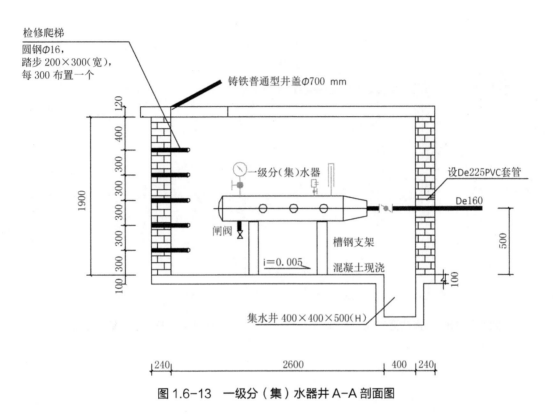

图 1.6-13　一级分（集）水器井 A-A 剖面图

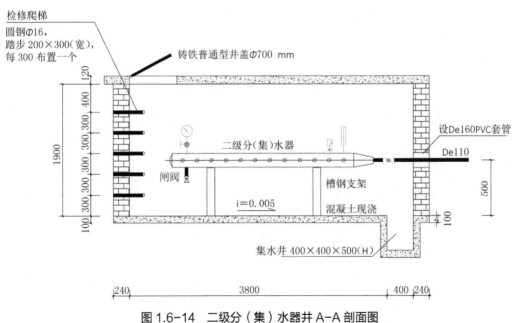

图 1.6-14　二级分（集）水器井 A-A 剖面图

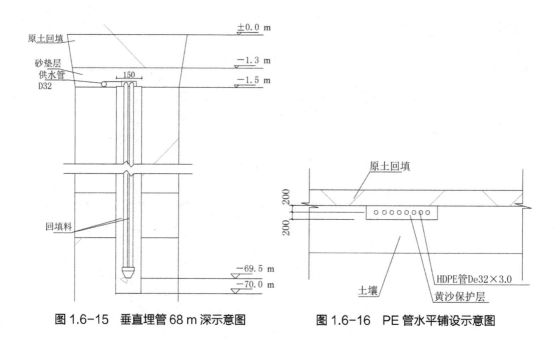

图 1.6-15 垂直埋管 68 m 深示意图

图 1.6-16 PE 管水平铺设示意图

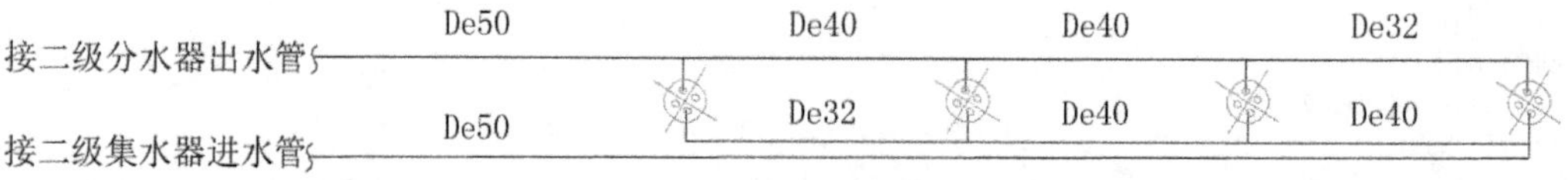

图 1.6-17 地埋横管接管大样图

2 太阳能热水工程案例

2.1 湘家荡——高效能热管式热水器

2.1.1 项目概况

2.1.1.1 基本信息

本项目位于浙江省嘉兴市海盐县湘家荡，为农村宅基地新农村房，建筑高度15 m，地上3层，为青瓦斜屋顶。

建筑类型：农村自建房。

图2.1-1　项目实景图（1）

图 2.1-2　项目实景图（2）

建筑特点：建筑整体为砖混结构，为农村独栋自建房。

建筑朝向：正南 5 度。

竣工时间：2015 年 5 月 1 日。

2.1.1.2 投资概算

本项目由浙江煜腾新能源股份有限公司负责实施，投资概算 7 万元。

2.1.2 可再生能源应用概况

2.1.2.1 可再生能源应用规模

本项目为高效热管式分体太阳能热水系统，每户设置 300 L 水箱，可供一家 6 口日常热水需求。每户设置集热器 4 块，共 36 户，面积 360 m²。

2.1.2.2 项目特点

本项目采用分体式太阳能热水器，集热器部分安装在屋面，水箱安装在室内高处。

整个系统采用自然循环，无须任何外加控制。

本项目所采用的太阳能热水器，外表美观，与建筑一体化完美结合。

a）采用屋面平铺支架安装方式。

b）太阳能热水系统水箱容量：300 L。

c）集热器尺寸：1850 mm×1200 mm。

d）支架采用镀锌板支架，抗风强度 12 级以上，单位载荷 45 kg。

2.1.3 可再生能源设计说明

2.1.3.1 系统组成

根据建设单位要求及设计标准，设计储热水箱容量为 300 L，立式，并且放置在 3 层阁楼上。

本工程由太阳能集热循环系统、换热系统、自动补水系统、支架、控制系统和温控系统组合而成。

2.1.3.2 功能

(1) 集热循环

每日太阳辐射达到一定强度时，集热器温度 T1 开始上升。

当集热器温度高于管道末端温度 T2（T1－T2≥8℃）时，集热器循环水泵开始启动，集热器内的高温热水均匀地输送到每个换热盘管，通过换热盘管将热量传递给每个储热水箱。

当集热器温度 T1 开始低于管道末端温度 T2（T1－T2≤4℃）时，集热器循环水泵停止。

(2) 补水系统

采用自动补水阀根据系统压力自动补水。

(3) 辅助能源

储热水箱内安装了 4.0 kW 电加热管，逢连续阴雨天气时，用户可以像使用电热水器一样使用储热水箱。

(4) 热水供应系统

该系统的热水供水同电热水器的使用完全一样，自来水接入水箱底部，用水时只要打开开关阀门。

(5) 控制系统

该工程总控制器采用先进的集成电控系统，实现全方位、高精度、全自动的集中控制，确保了系统安全、良好的运行效果，并节省费用开支。

分户控制器采用微电脑全智能测控，应用了最新单片机技术，具有水温数码显示、高低温保护等功能，可根据用户需求定时、定温启动辅助能源。

2.1.4 安装要求

a）集热器方向：南偏西 40 度～南偏东 20 度。

b）集热器倾角：40 度（以现场施工后角度为准）。

c）系统连接方式：串并联。

d）储热水箱：300 L，配有 4.0 kW 电加热系统。

e）管径：按 0.6～1.5 m/s 流速选取，在系统连接的方式中，应尽可能减少循环管长度，尽可能做到越短越好。

f）支架：为防腐防锈支架，用螺丝直接将集热器固定在屋面支架上。

g）防雷：避雷针与建筑物原避雷网连接。

h）屋面载荷：50 kg/m²。

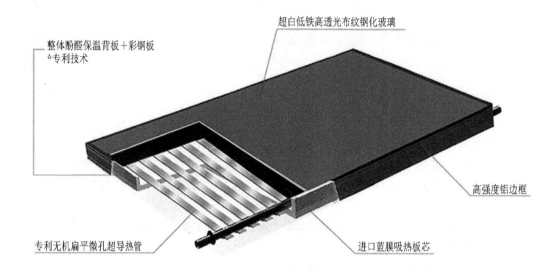

图 2.1-3　热管组件分解图

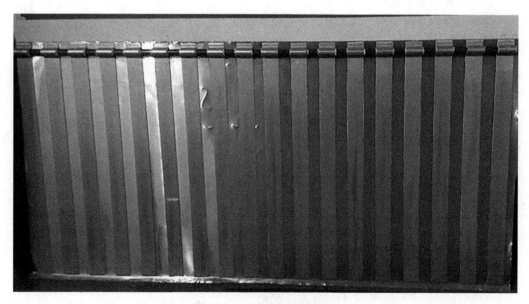

图 2.1-4　热管组件实物图

2.1.5 测试结果

（1）测试目的

对高效热管式太阳能热水器进行实际测试。

（2）测试条件

表 2.1-1　测试条件

项目	技术参数
焦热板	2×1 热管工程板，串联，4 块，安装角度 40 度
水箱	300 L 承压不锈钢立式水箱
管路	单程 25 m，1/2 不锈钢波纹管
循环泵	WILO RS15/6 额定扬程 5 m，额定流量 13 L/min
落差	焦热板和水箱落差 9 m

（3）部分有效测试数据（测试时天气较好）

表 2.1-2　测试数据

日期	环境温度	时间	温度（℃）	时间	温度（℃）
2015-05-04	22	9:23	26	16:20	55
2015-05-07（阴）	24	8:35	31	16:30	46
2015-05-08	24	8:26	33	17:40	53
2015-05-22	20	8:10	25	17:20	55
2015-05-25	23	8:35	26	17:30	51
2015-05-26	21	8:50	42	17:30	63
2015-06-01	24	8:30	27	17:30	48
2015-06-05	21	9:00	31	17:20	47
2015-06-06	23	8:12	42	17:40	66

　　由数据可见，单日温升 20℃以上，连续两日温升测试最高温度不超过 70℃，可有效防止过热。

2.2 金华市中心医院——集中式系统

2.2.1 项目概况

2.2.1.1 基本信息

本项目位于浙江省金华市中心医院，建筑高度 80 m，地上 20 层，为现浇混凝土平顶屋面。

建筑类型：砖混。

建筑面积：56000 m²。

建筑特点：建筑整体为砖混结构。

建筑地址：浙江省金华市明月路。

建筑朝向：正南 5 度。

竣工时间：2015 年 9 月 15 日。

图 2.2-1 项目地理位置

图 2.2-2 项目实景图

2.2.1.2 投资概算

本项目由浙江煜腾新能源股份有限公司负责实施，投资概算 26 万元。

2.2.1.3 气候条件

金华属亚热带季风气候，年平均气温 18.0℃，年平均最高气温 22℃，年平均最低气温 14℃。最热月（7月）平均气温 26～34℃，最冷月（1月）平均气温 2～9℃。无霜期 230 天左右。年平均降水量 1416 mm，年日照时数 1800～2200 小时。

2.2.2 可再生能源应用概况

本项目为太阳能集中式热水项目，水箱容量 15 t，集热器面积为 240 m^2。集热器采用高效热管式平板集热器。

图 2.2-3 安装实景图（1）

图 2.2-4 安装实景图（2）

2.2.3 可再生能源设计说明

2.2.3.1 组成

本项目由太阳能集热循环系统、换热系统、自动补水系统、支架、控制系统和温控系统组合而成。

2.2.3.2 功能

（1）**集热循环**

每日太阳辐射达到一定强度时，集热器温度 T1 开始上升。

当集热器温度高于管道末端温度 T2（T1－T2≥8℃）时，集热器循环水泵开启，集热器内的高温热水均匀地输送到每个换热盘管，通过换热盘管将热量传递给每个储热水箱。

当集热器温度 T1 开始低于管道末端温度 T2（T1－T2≤4℃）时，集热器循环水泵停止。

（2）**补水系统**

采用自动补水阀根据系统压力自动补水。

（3）**辅助能源**

采用空气源辅助。

（4）**热水供应系统**

该系统的热水供水同电热水器的使用完全一样，自来水接入水箱底部，用水时只要打开阀门。

（5）**控制系统**

该工程总控制器采用先进的集成电控系统，实现全方位、高精度、全自动的集中控制，确保了系统安全、良好的运行效果，并节省费用开支。

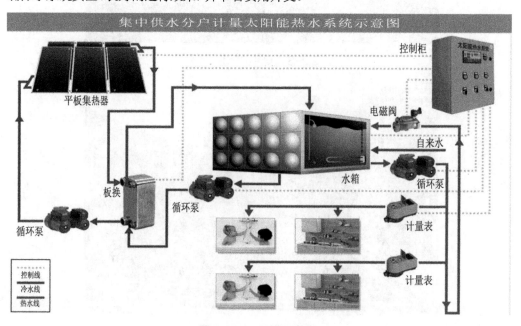

图 2.2-5　系统示意图

分户控制器采用微电脑全智能测控，应用了最新单片机技术，具有水温数码显示、高低温保护等功能，可根据用户需求定时、定温启动辅助能源。

2.2.4 安装要求

a）集热器方向：南偏西40度～南偏东20度。

b）集热器倾角：40度（以现场施工后角度为准）。

c）系统连接方式：串并联。

d）储热水箱：15 t，配有空气源。

e）管径：按0.6～1.5 m/s流速选取，在系统连接的方式中，应尽可能减少循环管长度，尽可能做到越短越好。

f）支架：为防腐防锈支架，用螺丝直接将集热器固定在屋面支架上。

g）防雷：避雷针与建筑物原避雷网连接。

h）屋面载荷：50 kg/m²。

2.2.5 测试结果

表2.2-1　测试数据

日期	天气情况	类别	8:00	12:00	17:00	备注
9月16日	上午阴天	出口水温度	37.6℃	42℃	39℃	
	12点转晴，环境温度29℃	水箱温度	24.9℃	36.4℃	41℃	
	17点环境温度26℃					
9月17日	上午阴天，环境温度27℃	出口水温度	32℃	54℃	60℃	
	12点转晴，环境温度31℃	水箱温度	27.9℃	48℃	54℃	下午3点半从62℃变成56℃
9月18日	环境温度22℃	出口水温度	31℃	39℃		
		水箱温度	31℃	30℃		
9月19日	环境温度22℃	出口水温度	24℃	34℃		
	小雨20℃	水箱温度	30℃	30℃		

2.3 大洋镇农村住房改造横坑湖安置区块建设项目——分体式太阳能

2.3.1 项目概况

2.3.1.1 基本信息

大洋镇安置区项目为住宅用地，位于杭州建德市大洋镇南部，东为现有居民点，南临横坑湖，西接现状道路白章线，北靠建德市大洋初级中学。

项目总用地面积 34677 m^2，其中包括 1#～16# 楼居住建筑部分，其用地面积为 27889 m^2，总建筑面积 20445.1 m^2，住宅面积共计 18228 m^2。

建筑层数：地上 3 层，地下 0 层。

总投资：2721.8 万元。

项目建设时间：2014 年 1 月 8 日。

竣工时间：2017 年 4 月 30 日。

2.3.1.2 投资概算

本项目由浙江建科建筑节能科技有限公司负责实施，投资概算 26 万元。

图 2.3-1 项目总平面图

图 2.3-2　项目实景图

2.3.2 可再生能源应用概况

2.3.2.1 可再生能源应用规模

本项目为分体式太阳能热水系统，每户住宅设 1 台 160 L 太阳能水箱，2.9 m² 太阳能集热器，共有 60 户住户。

可再生能源示范应用建筑面积 18228 m²，集热器面积 174 m²。

2.3.2.2 项目特点

本项目采用分体式太阳能热水器，集热器部分安装在屋面，水箱安装在室内高处。整个系统采用自然循环，无须任何外加控制。

2.3.3 可再生能源设计说明

a）太阳能集热器均设于屋面，安装角度 25 度。

b）太阳能热水系统每户集热器面积 2.9 m²，储水箱 160 L。

c）热水管道材料采用 PP-R 塑料管；保温材料选用 20 mm 橡塑材料，外包玻璃布防水。

d）热水进水管上均设置倒流防止器。

e）塑料给水管道与水加热器连接处设 0.5 m 的金属管段过渡。

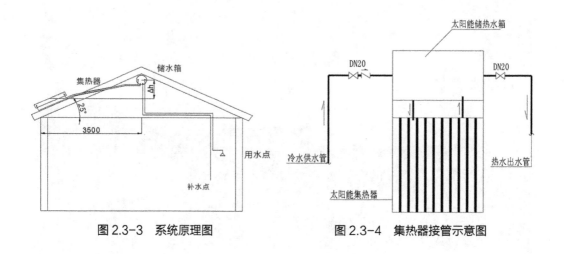

图 2.3-3　系统原理图　　　　　图 2.3-4　集热器接管示意图

2.3.4　施工安装要求

屋面结构层预留预埋连接件和预埋套管。

连接件和预埋套管穿越保温层、防水层时另做保温防水处理，特点是屋面施工与太阳能施工界面清晰，屋面施工完成后进行集热器安装，太阳能集热器通过连接件与预埋件牢固连接，热水循环管穿过预埋套管与集热器和储热水箱连接，避免对原屋面的破坏。

需注意的是，预埋件和预埋套管的定位，应与凸面瓦位置一致，尽可能减少对凹面瓦形成的雨水排水流道的破坏。另外，集热器的色彩选择，应尽可能与屋面瓦色彩保持协调一致。

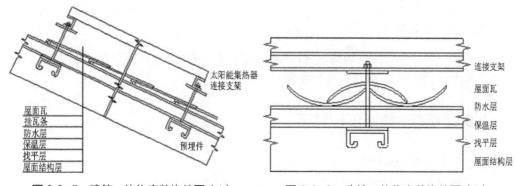

图 2.3-5　建筑一体化安装构件图（1）　　　图 2.3-6　建筑一体化安装构件图（2）

2.3.5 安装图片

图 2.3-7 屋面集热器安装图

图 2.3-8 水管穿屋面安装图

图 2.3-9 水箱连接管图

2.3.6 性能测试

为验证该系统的有效性,对该系统进行了测试。

测试时间为 2017 年 10 月 21—22 日 6：00—18：00。

测试方法为在集热器进出水管路上安装温度探头,分别测试集热器进、出水温度,并计算出温差,间隔 5 分钟连续记录数据。

测试那两天晴间多云,室外温度 18～22℃,太阳辐照强度良好,实验结果如图 2.3-10 所示。

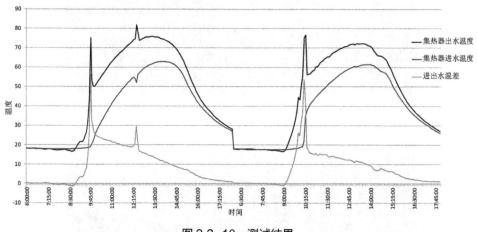

图 2.3-10　测试结果

图 2.3-10 显示,测试两天得出相似的结果。日出时间 6：00—9：00 时,属于闷晒阶段,管内水不流动,进出口水温无变化；9：00—10：00 时,集热器内水温闷晒至 75℃左右,进出水温差 55℃左右,在大温差作用下克服管路阻力,产生缓慢流动,当集热器中高温存水流过出水管传感器后,温度迅速回落,温差也迅速回落至 15～25℃,进入正常循环状态,验证了正常循环温差为 20℃左右的假定；10：00—14：00 时,循环稳定,水箱温度逐步升高,随着流动速度的加快,进出水温差逐渐降低；至 14：00 以后,进出水温差低至 10℃以下,循环动力不足以克服管路阻力,循环停止,传感器部位水处于自然冷却状态,进出水温度先后下降至环境温度。在有效加热的若干小时内,水箱温度达到 60℃以上,可满足使用要求。

2.4 胥江杭派民居项目——光伏、光热集成利用

2.4.1 项目概况

2.4.1.1 基本信息

项目建设地点为杭州建德市乾潭镇胥江村，共计29栋民居。

项目建设时间：2015年2月8日。

竣工时间：2017年5月30日。

2.4.1.2 投资概算

本项目由浙江建科建筑节能科技有限公司负责实施，可再生能源建设投资概算45万元。

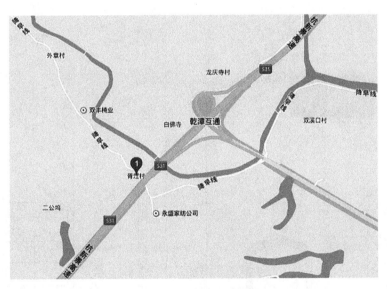

图2.4-1　项目地理位置

2.4.2 可再生能源应用概况

a）太阳能热水系统：本项目每户均设置独立的太阳能热水系统，用户侧、用水点位置由用户自定。

b）太阳能光伏系统：光伏系统总装机容量8.75 kW，采用多晶硅组件35块，采用微型逆变器独立并网。

2.4.3 可再生能源设计说明

热水系统采用"强制循环分体式太阳能热水系统"，通过集热器收集太阳能热量并储存在水箱中，为用户提供生活热水。

系统由平板热管集热器、循环系统、控制系统、辅助加热系统及储热系统组合而成。

（1）控制系统

当太阳辐射量达到一定强度时，集热器温度 T1 开始上升。

当集热器温度 T1 大于设定温度 55℃（可调）并且高于末端温度 T2（T1－T2≥8℃）时，集热器循环水泵 P1 开始启动，将水箱内的水加热。

当 T2 达到设定温度 55℃时，或 T1≤T2 时，P1 停止运行。

（2）辅助热源

当水箱温度低于设定值 45℃（可调）时自动开启，当水箱温度达到设定值 55℃（可调）时自动关闭。

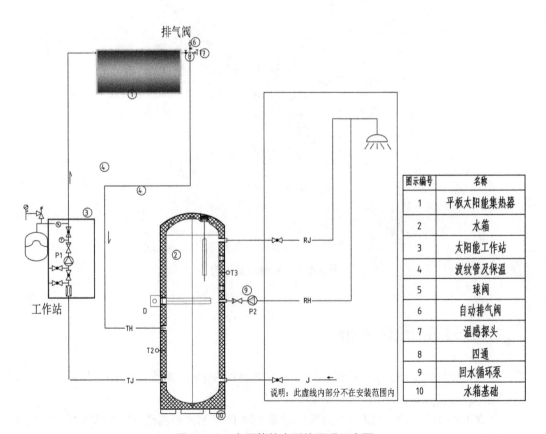

图 2.4-2　太阳能热水系统原理示意图

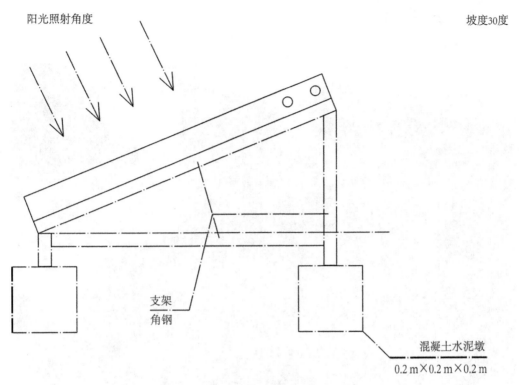

阳光照射角度

坡度30度

支架
角钢

混凝土水泥墩
0.2 m×0.2 m×0.2 m

图 2.4-3　支架侧视图

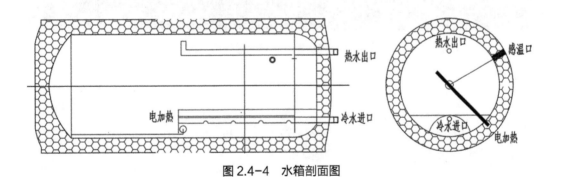

热水出口

冷水进口

电加热

热水出口

感温口

冷水进口

电加热

图 2.4-4　水箱剖面图

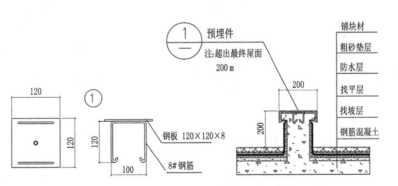

① 预埋件

注:超出最终屋面
200 m

120

120

①

120

100

钢板 120×120×8

8#钢筋

铺块材

粗砂垫层

防水层

找平层

找坡层

钢筋混凝土

200

200

说明:

1. 支架使用 4#角钢现场制作;

2. 支架焊完后要除锈、除油,去
焊渣后涂防锈漆两遍,然后涂银
粉漆两遍;

3. 安装角度为 30 度;

4. 光热、光伏安装时,上部高度
保持一致。

图 2.4-5　基础图

2.4.4 安装图片

图 2.4-6　光伏组件、集热器安装现场图

2.5 海宁碧桂园——阳台式热水器示范项目

2.5.1 项目概况

2.5.1.1 基本信息

项目位于浙江省海宁市人民大道与新城大道交叉口，为住宅小区高层建筑。
竣工时间：2016年5月10日。

2.5.1.2 投资概算

本项目由浙江煜腾新能源股份有限公司负责实施，投资概算80万元。

图2.5-1 项目地理位置

2.5.2 可再生能源技术概况

本项目为阳台分户式热水项目，每户设100 L阳台式热水系统，共计306套。
本示范项目所采用的太阳能热水器外表美观，与建筑一体化完美结合。

a）采用阳台栏板式安装方式。

b）热水系统为100 L阳台式，共306套。

c）集热器尺寸为2000 mm×800 mm。

d）支架采用镀锌板支架，抗风强度12级以上，单位载荷45 kg。

图 2.5-2　项目实景图

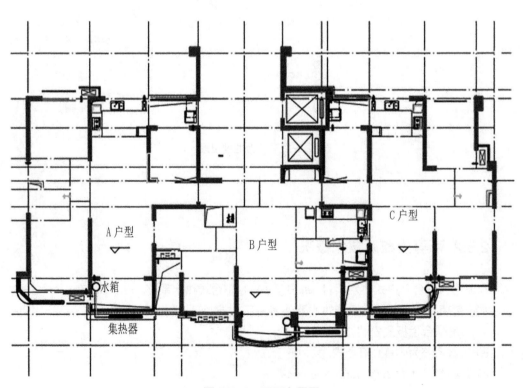

图 2.5-3　平面布置图

2.5.3 可再生能源设计说明

2.5.3.1 系统功能及组成

本工程由储热水箱、集热器、支架、循环管路、温控系统组合而成。

（1）集热循环

系统采用自然循环，无须集热循环。

（2）辅助能源

储热水箱内安装了 3.0 kW 电加热管，逢连续阴雨天气时，用户可以像使用电热水器一样使用储热水箱。

（3）热水供应系统

该系统的热水供水同电热水器的使用完全一样，自来水接入水箱底部，用水时只要打开阀门。

（4）控制系统

该工程总控制器采用先进的集成电控系统，实现全方位、高精度、全自动的集中控制，确保了系统的安全、良好运行效果，并节省费用开支。

分户控制器采用微电脑全智能测控，应用了最新单片机技术，具有水温数码显示、高低温保护等功能，可根据用户需求定时、定温启动辅助能源。

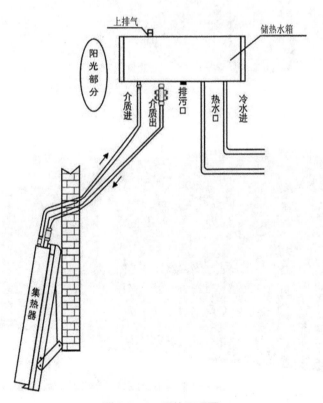

图 2.5-4　系统原理图

2.5.3.2 安装要求

a）集热器方向：南偏西40度~南偏东20度。

b）集热器倾角：40度（以现场施工后角度为准）。

c）系统连接方式：串联。

d）储热水箱：100 L，配有3.0 kW电加热系统。

e）管径：按0.6~1.5 m/s流速选取，在系统连接的方式中，应尽可能缩短循环管长度，越短越好。

f）支架：为防腐防锈支架，用螺丝直接将集热器固定在阳台栏杆上。

g）防雷：避雷针与建筑物原避雷网连接。

图2.5-5 安装效果图（1）

图2.5-6 安装效果图（2）

2.5.4 试验记录

表 2.5-1　热水器性能测试记录表

日期	天气（阴晴情况以及风力等级）	安装地址	集热器尺寸	水箱体积
2016-06-02	晴天	海宁碧桂园 6#2	2000 mm×800 mm	100 L
序号	测试时间	水箱温度（℃）	辐照（W/m²）	环境温度（℃）
1	8：00	19.1	370.0662	11.7
2	9：00	21.7	635.0197	11.8
3	10：00	35.5	747.9507	12.4
4	11：00	36.5	761.8499	17.1
5	12：00	40.3	752.2942	17.5
6	13：00	45.8	820.9215	17
7	14：00	48.9	800.9414	19.1
8	14：30	49.3	801.8101	18.3
9	15：00	51.2	430.8752	19
10	15：30	51.3	25.1652	18
11	16：00	51.1	173.7400	18
12	16：30	50.9	133.7798	17.6
13	17：00	51.2	80.7891	17.9

3 太阳能光伏工程案例

3.1 金贝能源——BIPV

3.1.1 项目概况

3.1.1.1 基本信息

本项目位于浙江省杭州市桐庐县。

建筑类型：彩钢瓦和 BIPV（太阳能光伏建筑一体化）。

建筑面积：37800 m^2。

竣工时间：一期 2015 年 6 月 30 日，二期 2016 年 8 月 12 日。

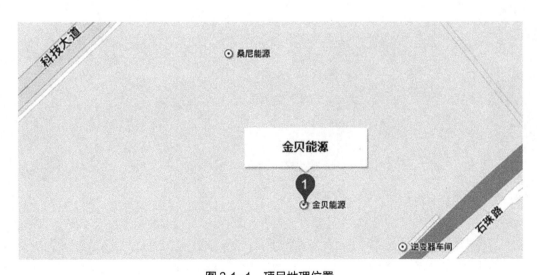

图 3.1-1　项目地理位置

图 3.1-2　项目实景图

3.1.1.2　投资概算

浙江金贝能源科技有限公司分布式光伏发电项目上网模式为自发自用、余电上网，建设工期 4 个月，工程静态投资 2150.54 万元，工程动态投资 2171.61 万元。单位千瓦静态投资 6238.96 元；单位千瓦动态投资 6300.10 元。

本项目由杭州桑尼能源科技股份有限公司负责实施。

3.1.2　可再生能源应用概况

3.1.2.1　可再生能源应用规模

本项目为光伏建筑一体化屋顶发电系统，装机容量 3400 kWp。

3.1.2.2　项目特点

本项目采用 BIPV 技术一体化屋顶发电系统，涵盖了既有建筑屋面改造和新建厂房一体化建设 2 种类型。

3.1.2.3　技术特点

通过倒 V 形的枕梁和 W 形的支撑条构成整体支撑系统及岛式支撑安装固定，采取环环相扣的方式进行紧固。

光伏组件屋面系统由光伏组件以及防排水构造层、保温层、防水垫层、结构层构成，是一种具有光伏发电功能的屋面。

3.1.3 可再生能源设计说明

本工程采用高压并网，系统所产生的电能通过升压变压器升压为 10 kV 后接入厂区配电室高压侧，实现光伏所发电量自发自用、余电上网。

本项目选用 250 Wp 和 255 Wp 多晶体硅电池组件，在厂区／建筑屋顶面铺设太阳能光伏发电系统。

本工程所选厂房屋顶结构为彩钢瓦屋面，顺屋面坡势固定安装。

本项目选用 20 kW 组串式并网逆变器。光伏阵列的组串设计需满足逆变器的直流工作电压范围，同时其最大功率输出电压应满足并网逆变器的最大功率点跟踪（MPPT）范围，并使单个光伏发电单元故障或检修对整个光伏电站的运行影响较小。

3.1.3.1 主要组件参数

表 3.1-1　250 Wp 和 255 Wp 多晶硅光伏组件主要性能参数表

名称	单位	250 Wp	255 Wp
最大功率（Wp）	Wp	250	255
开路电压（Voc）	V	37.35	37.97
工作电压（Vmp）	V	30.76	31.17
短路电流（Isc）	A	8.55	8.58
工作电流（Imp）	A	8.13	8.19
电压温度系数	%/℃	−0.303	−0.303
电流温度系数	%/℃	0.046	0.046
功率温度系数	%/℃	−0.41	−0.41
工作温度范围	℃	−40～85	−40～＋85
NOCT	℃	47±2	47±2
最大系统电压	V	1000DC	1000DC
组件尺寸	mm	1640×992×35	1640×992×35
组件重量	kg	18.8	18.8

注：以上电气数据为电池板在环境温度 25℃、大气质量 AM1.5 及辐射强度 1000 W/m² 的标准条件下测得。

表 3.1-2　逆变器性能参数表

输入		保护	
最大输入功率	20500 W	孤岛保护	具备
最大输入电压	1000 V	低电压穿越	具备
启动电压	220 V	直流反接保护	具备
额定输入电压	640 V	交流短路保护	具备
MPP 满载电压范围	480～800 V	漏电流保护	具备
MPPT 数量	2	直流开关	具备
每路 MPPT 最大输入组串数	3	直流保险丝	具备
最大输入电流	44 A（22 A/22 A）	过压保护	具备

输出		系统	
额定输出功率	20000 W	最大效率	98.20%
最大输出视在功率	20000 VA	欧洲效率	97.60%
最大输出电流	29 A	最大功率跟踪效率	99.50%
额定输出电压	3/PE～230×400 V	隔离方式	无变压器
额定电网频率	50 Hz	防护等级	IP65
电网频率范围	44～55 Hz	夜间自耗电	<1 W
总电流波形畸变率	<3%（额定功率）	工作温度范围	−20～60℃（大于45℃降额）
直流分量	<0.5%In	相对湿度	0～95%
功率因数范围	>0.99@满功率	冷却方式	风冷
	（可调范围0.9超前～0.9滞后）	最高海拔	<2000 m
机械			
尺寸（宽×高×深）	513×675×207 mm	液晶显示屏	LCD图形界面
安装方式	壁挂式	通信	RS485/RS232/干节点
重量	50.5 kg	直流端子	MC4
		交流端子	螺丝压接端子

表 3.1-3　逆变器选型参数表

逆变器	36 kW逆变器	20 kW逆变器
最高效率	98.60%	98.20%
最大输入功率	39600 W	20500 W
最大输入电压	1000 V	1000 V
最大输入电流	68 A（2×34 A）	44 A（2×22 A）
MPPT电压范围	280～950 V	480～800 V
额定输入电压	750 V	640 V
最大输入路数	8	6
MPPT数量	2	2
额定功率	36000 W	20000 W
额定输出电压	3×277 V/480 V＋PE	3×230 V/400 V＋PE
尺寸（宽×高×深）	680×605×255 mm	513×675×207 mm
安装方式	壁挂式	壁挂式
重量	64 kg	50 kg

3.1.3.2　光伏阵列方式及支架

本项目光伏组件采用彩钢瓦1+1（BAPV）及光伏建筑一体化（BIPV）2种安装方式。

彩钢瓦屋面利用特定的光伏系统夹具，在原屋面板波峰上方放置金属夹具。金属夹具夹持于屋面波峰上，不破坏原有的彩钢瓦及防水层，保证屋面的防水性。安装光伏组件后对厂房的通风、采光、防水、排水无影响。

图 3.1-3　彩钢瓦 1+1（BAPV）方式

图 3.1-4　光伏建筑一体化（BIPV）方式

图 3.1-5　彩钢瓦 1+1 角驰型夹具

图 3.1-6　彩钢瓦 1+1 直立锁边型夹具

　　光伏建筑一体化安装需将房顶原有的一部分彩钢瓦取掉，在檩条上放置 W 水槽，W 水槽上放置横向水槽及光伏组件，组件与组件、踏板等物体的间隙放置硅胶带或压条，基本上可以无缝对接，保证屋面的防水性。安装光伏组件后对厂房的通风、采光、防水、排水无影响。

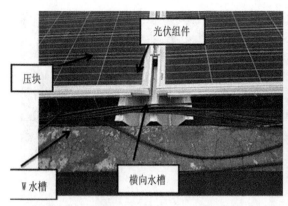

图 3.1-7　W 水槽、横向水槽、压块、光伏组件　　　图 3.1-8　采光带及网格踏板

图 3.1-9　BIPV 屋面普通安装效果

图 3.1-10　檩条与支架（夹具）安装示意图

 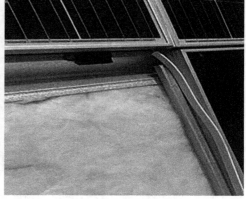

图 3.1-11　导水槽排布图　　　　　　　图 3.1-12　组件施工图

3.1.4 测试

表 3.1-4　组串功率测试表

逆变器编号	组串序号	标称功率（W）	辐照度（W/m²）	背板温度（℃）	测试功率（W）	STC功率（W）	组串损耗率（%）
O#INV08	01	5610	1000	71.7	4443.88	5518.03	1.64
	02	5610	1000	71.5	4327.71	5397.26	3.79
	03	5610	1000	72.6	4409.05	5503.90	1.89
	04	5610	978	73.9	4215.80	5435.38	3.11
01#INV09	01	5610	1000	73.5	4239.56	5355.11	4.54
	02	5610	988	74.2	4263.93	5447.37	2.9
	03	5610	1000	73.6	4375.40	5493.25	2.08
	04	5610	977	74.5	4285.16	5496.95	2.02
02#INV22	01	5610	982	73.5	4305.60	5500.07	1.96
	02	5610	985	73.5	4245.64	5425.84	3.28
	03	5610	978	73.2	4274.50	5479.30	2.33
	04	5610	977	72.8	4148.28	5345.38	4.72
02#INV53	01	5720	1010	71.2	4479.84	5518.97	3.51
	02	5720	1010	71.5	4466.00	5512.30	3.63
	03	5720	1010	71.9	4458.05	5513.81	3.60
	04	5720	1010	71.9	4463.55	5519.26	3.51
02#INV46	01	5720	1020	71.4	4518.20	5517.78	3.54
	02	5720	1030	72.8	4528.80	5517.90	3.53
	03	5720	1020	73.0	4484.86	5519.68	3.50
	04	5720	1010	72.7	4448.00	5522.62	3.45
02#INV52	01	5720	1020	72.7	4491.20	5521.80	3.47
	02	5720	1020	72.5	4496.00	5521.81	3.46
	03	5720	1010	72.4	4453.56	5521.09	3.48

逆变器编号	组串序号	标称功率（W）	辐照度（W/m²）	背板温度（℃）	测试功率（W）	STC功率（W）	组串损耗率（%）
02#INV45	01	5720	1020	72.0	4508.64	5522.48	3.45
	02	5720	1020	72.5	4502.40	5528.09	3.36
	03	5720	1020	71.6	4521.66	5525.86	3.39
	04	5720	1020	70.7	4547.34	5529.93	3.32
02#INV55	01	5720	1010	71.5	4482.39	5528.53	3.35
	02	5720	1010	70.8	4496.00	5525.59	3.40
	03	5720	1010	72.0	4464.68	5522.72	3.45
	04	5720	1010	72.2	4462.20	5524.95	3.41
02#INV44	01	5720	1010	71.8	4473.30	5526.56	3.38
	02	5720	1010	71.3	4484.40	5525.83	3.39
	03	5720	1010	71.0	4448.62	5527.41	3.37
	04	5720	1010	71.2	4440.00	5523.48	3.44

注：现场组串（5610 W）功率测试共计抽检 12 串，其中 STC 功率最高值为 5518.03 W、最低值为 5345.38 W、平均值为 5449.82 W，损耗率最高值为 4.72%、最低值为 1.64%、平均值为 2.86%。现场组串（5720 W）功率测试共计抽捡 23 串，其中 STC 功率最高值为 5529.93 W、最低值为 5512.30 W、平均值为 5522.54 W，损耗率最高值为 3.63%、最低值为 3.32%、平均值为 3.45%。

3.2 浙江省绿色低碳建筑科技馆

3.2.1 项目概况

浙江省绿色低碳建筑科技馆项目又称源牌低碳馆,由杭州源牌科技股份有限公司建设实施,功能性质为科研办公大楼。

本项目位于杭州青山湖科技城核心区,东临大园路,北临聚贤街。

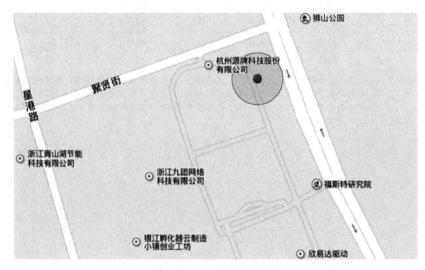

图 3.2-1 项目地理位置

整个建筑外形为 U 形,包含 A 楼和 B 楼两部分。A 楼为南侧的一字形建筑,包括地下 1 层和地上 3 层;B 楼为 L 形建筑,包括地下 1 层和地上 6 层;A、B 楼地下室连通,为车库和设备房。

项目总用地面积 1.0568 万 m²,建筑面积 17137 m²,地上 12450 m²。其中 A 楼建筑面积 3368 m²,为零能耗实验楼,用作源牌集团技术研发中心、营销体验中心和科普示范基地,同时建设有"浙江省低碳建筑能源环境工程技术中心"、"分布式能源与区域能源技术研究中心"、省级博士后工作站、杭州市节能减排创新服务平台,以及西门子源牌建筑能源环境协同控制实验室。B 楼建筑面积约为 9082 m²。建筑功能包括门厅、报告厅、会议室、餐厅、低碳技术展示中心、科研办公室等。

杭州属于亚热带季风气候,冬温夏热,年平均气温介于 13~20℃之间,全年日最高气温≥35℃的天数约 22 天,多半出现在 7、8 两个月。杭州市青山湖属于太阳能资源三类地区,年日照时长 1400~2000 小时,年辐射量 4267.74 MJ/m²,等同于 140 kg 标准煤热量。夏季主导风向为西南偏南风,冬季主导风向为西北偏北风。本项目建筑节能设计中严格控制体形系数,东、南、西、北各向体形系数为 0.15、0.3、0.07、0.19,满足浙江省节能规范要求。

图 3.2-2　项目实景图（1）

图 3.2-3　项目实景图（2）

图 3.2-4　项目实景图（3）

本项目实验办公楼集成了20余项建筑节能技术,如光伏建筑一体化技术、自然通风技术、自然采光技术、热泵蓄能耦合、流体变流量控制、VAV大温差低温送风、柔性中央空调、地板送风、绿色照明、建筑能源环境协同控制技术,以及节能门窗、外遮阳等被动式建筑节能技术,同时设置了地源热泵技术、蓄能技术、人工环境与气流组织、变风量空调技术、温湿度独立控制技术、楼宇自控与仿真技术、太阳能建筑一体化技术、基于云服务的能效管理数据中心等实验室。凭借优秀的设计和系统配置,本项目A楼于2014年获得"三星级绿色建筑设计标识"。

图 3.2-5 零能耗实验楼立面效果图

图 3.2-6 三星级绿色建筑设计标识

3.2.2 节能技术措施

3.2.2.1 被动式节能技术

本项目的屋面均采用 100 mm 厚矿棉板,A 楼 2 层休息平台采用屋面绿化;外墙采用 60 mm 半硬质矿(岩)棉板进行保温,且外墙面层采用节能涂料,改变了墙体的吸热特性;外窗采用隔热金属型材多腔密封窗框+双 Low 中空玻璃。

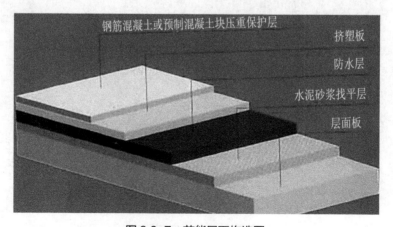
图 3.2-7 节能屋面构造图

图 3.2-8　屋面绿化图

　　本项目的南立面采用大型电动调节外遮阳板。遮阳板采用垂直遮阳板,根据楼层分为3层。遮阳板根据风、光、雨进行控制,角度可电动调节,可以根据需要调节进入室内的太阳辐射量。

图 3.2-9　外遮阳实景图

3.2.2.2 可再生能源利用

（1）光伏发电

屋顶大面积铺设了双波单晶硅太阳能光伏电池组件，安装形式采用固定式，装机容量 199.04 kWp，铺设面积 1086 m²，其中 A 楼屋顶铺设面积 652 m²，B 楼屋顶铺设面积 434 m²，年总发电量 20 万 kWh。

系统采用用户侧集中低压并网方案，主要满足 A、B 楼内照明、空调、办公设备等用电需求。其中 A 楼为零能耗楼，已经全面投用，B 楼 1 至 3 层已投用。

当前能耗监测系统显示，建筑屋面光伏系统总发电量与建筑总耗电量同期比值为 0.74，而 A 楼屋面光伏系统发电量与 A 楼建筑能耗同期比值为 1.4，A 楼屋面光伏发电量完全能满足零能耗楼全年的用电需求，实现了真正意义上的"零"能耗，还可以对外输出 40% 的电力。

图 3.2-10　屋面光伏板

（2）地源热泵

科技馆 A 楼实验室采用地埋管式地源热泵系统。

该地源热泵项目主要用于实验目的，包括地源热泵系统实验、水蓄冷实验、冰蓄冷实验、气流组织实验室及柔性空调实验室等。

根据实验需求，冷负荷设计值为 60 kW，选择三工况地源热泵机组，同时具有制冷、制冰和制热 3 种工况。冷热工况通过内部制冷剂系统进行切换,机组采用柔性涡旋压缩机,高效低噪,同时采用环境领先 R410a 制冷剂,绿色环保。

图 3.2-11　地源热泵主机

图 3.2-12　地埋管分(集)水器

(3)自然通风

在规划前期经过对项目的选址、朝向及布局进行详细分析,依据当地的气象参数和室外风环境的模拟计算,确定零能耗楼的体形及朝向布局。

建筑的主要朝向迎合当地夏季的主导风向,以南北向或接近南北向布局,利用室外的风压形成自然通风,降低空调负荷,提高居住的舒适度。

建筑间距在满足当地规划部门的日照间距要求基础上适当加大,有利于建筑群内各建筑间的空气流动,从而使建筑物与空气的热交换增加,降低建筑能耗。

3.2.2.3 空调末端节能技术

(1)变风量技术

科技馆 A 楼 1 层数据中心,2、3 层科研实验室,与 B 楼 1 层展厅及 3 层办公,采用了低温变风量空调系统。

该系统采用 9℃低温送风,充分利用冰蓄冷系统和地源热泵系统提供的低温冷源,同时较低的送风温度使得系统送风量减小,可降低系统风机功率及减小风管尺寸达 40%,从而降低风系统的一次投资和大幅节约运行费用。

此外,变风量低温送风空调系统具有较高的除湿能力,空调区域设计温度可适当上调,能更好地提高空气品质和环境舒适性。

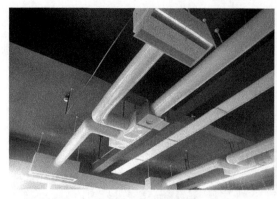
图 3.2-13　变风量末端装置与低温风口

图 3.2-14　变风量空气处理机组

（2）温湿度独立控制技术

零能耗实验楼（A 楼）2 层温湿度独立控制系统实验室及董事长办公室（B 楼）采用了辐射供冷供暖技术。辐射系统采用了高温冷源（17℃供水）及低温热源（35℃供水），大大提高了地源热泵机组能效。冷却顶板通过辐射和对流消除部分显热负荷，同时尽可能小地影响室内气流场，可以大大提高人体的舒适程度，低温送风口则消除部分显热负荷和全部潜热负荷及室内污染物，达到温湿度独立控制的目的。辐射末端分别采用金属板辐射吊顶、毛细管辐射吊顶、毛细管地板采暖和墙面辐射采暖等 4 种不同形式。新风系统采用自主研发的内置热泵热回收新风机组进行除湿，机组综合效率高，除湿效果好。同时满足室内人员新风需求。新风采用变风量控制，通过改变送入房间的新风量，控制室内绝对含湿量及露点温度，保证辐射表面不结露。

图 3.2-15　金属辐射吊顶板及侧墙辐射板

图 3.2-16　内置热泵热回收新风机组

3.2.2.4 空调冷热源

低碳馆空调冷热源主要由青山湖科技城区域能源站集中提供冷热量。

该区域能源站夏季供冷采用冰蓄冷结合地源热泵系统，冬季供热采用燃气锅炉。

选用源牌纳米导热复合盘管外融冰式蓄冰装置，夏季冷量以低温水（2.5℃供水 /11.5℃回水）大温差供冷方式，通过共同管沟及埋入地下的管道输往本大楼。

A楼1层蓄能技术实验室和B楼低碳技术展示厅，采用地源热泵结合冰蓄冷和水蓄能技术来进行合理储能，可实现多种模式运行，一方面为零能耗实验楼部分区域提供冷源，另一方面可开展各项系统实验。

图 3.2-17　青山湖科技城区域能源站

图 3.2-18　地源热泵结合冰蓄冷实验室

图 3.2-19　电锅炉及水蓄能罐

3.2.2.5 筑能耗监测及能效优化管理系统

对于建筑能耗,水、电、热量等能源消耗情况进行分项、分层、分区域计量监测。RY5600智慧柜具备若干个RS485接口,其中空调系统的电量、冷热量计量,直接由与空调系统相配套的RM5600智慧柜来完成。

软件平台可实现能耗及舒适健康数据可视化,同时通过节能性、舒适性、健康度等3个方面的综合性能,经加权计算,得出能耗健康度评价指标。借助安装于每台空气处理机组端的热量表上传数据,不仅可以实现对冷热量、流量、进出水温度的监测,而且可以进行水力平衡分析和调整,结合末端空调控制柜内的电表,实现空调机组输送能效比的计算及比较,从而实现系统优化功能。

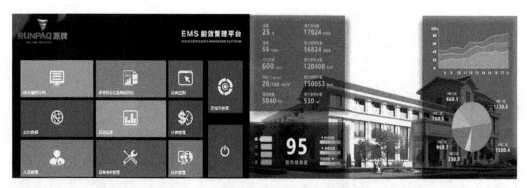

图3.2-20 能源监测与能效优化管理平台

3.2.3 光伏发电系统介绍

浙江省绿色低碳建筑科技馆光伏发电项目,实际装机容量199.04 kWp,采用"阳光房"的形式设计和建造,整体效果美观,安全适用。系统设计综合发电效率81.65%,使用寿命大于25年。

项目采用"自发自用、余电上网、就近消纳、电网调节"的运营模式,直接并入绿色低碳建筑科技馆配电系统0.4 kV母线,所发电量就地直接供给大楼内用电设备使用。

项目总投资180万元,于2017年2月启动建设,2017年3月正式并网投产发电。

3.2.3.1 直流系统

本工程采用718块晶硅光伏组件,单片组件峰值功率270/275/330 Wp。每22/20/18块组件串联成一个组件串。安装单晶270 Wp双玻组件320块,安装单晶275 Wp双玻组件340块,安装单晶330 Wp常规组件58块。

本工程共采用2台防雷直流汇流箱,组串式布置在组件方阵中。

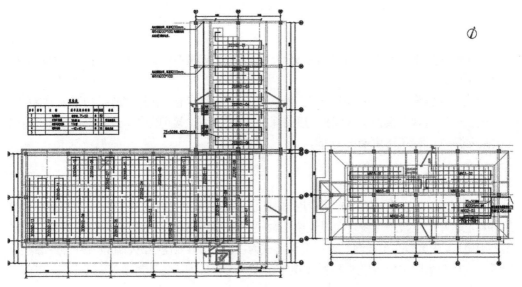

图 3.2-21　源牌低碳馆屋面光伏板布置图

图 3.2-22　光伏发电板安装施工现场

图 3.2-23　钢结构安装施工现场

图 3.2-24　汇流箱安装现场

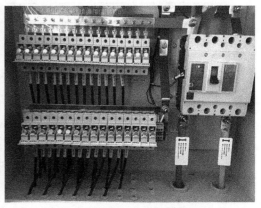

图 3.2-25　光伏发电控制柜

3.2.3.2 逆变系统

本工程采用2台17 kW组串式逆变器、1台150 kW集中式逆变器。集中式逆变器放在光伏机房内。

光伏逆变器输出3项0.4 kV交流，频率50 Hz，总谐波电流含量<3%，功率因数>0.9。

光伏逆变器具有极性反接保护、短路保护、过载保护、接地保护、过/欠电压保护、过/欠频率保护、孤岛保护等保护功能。

3.2.3.3 电线电缆敷设

本工程直流系统电缆采用光伏专用电缆，低压系统采用YJV-0.6/1KV-4芯电缆，光伏组件和汇流箱的连接采用线管和电缆桥架敷设。屋顶输出电缆从不同高度经强电井引至地下室配电室，配电室内电缆敷设以电缆沟形式为主。电缆引至盘柜，控制屏、台的开孔部位，以及电缆贯穿隔墙、楼板的空洞，采用电缆防火封堵材料进行防火封堵处理。

3.2.3.4 监控系统

本项目监控系统如图3.2-26所示。

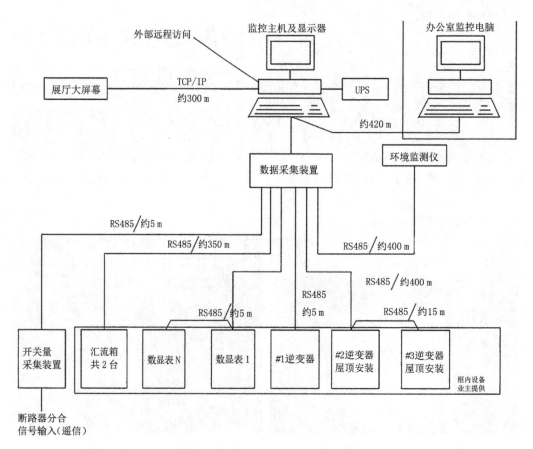

图3.2-26 光伏发电系统监控原理拓扑图

3.2.4 经济效益及运行情况

本项目首年发电量约为 20 万 kWh，25 年总发电量约为 415 万 kWh。与燃煤发电相比，按照每 kWh 电耗煤 319 克计算，25 年运行期内可节约标准煤约 1333 t，可减少烟尘排放量约 1131 t（除尘器效率取 99%），可减少 SO_2 排放量约 125 t（煤全硫分取 0.7%，未脱硫），可减少 CO_2 排放量约 4159 t，可减少氮氧化合物排放量约 70 t，可节约纯净水约 2 万 m^3。

源牌低碳馆于 2016 年 8 月建成投运，屋顶光伏发电系统于 2017 年 3 月正式投运，至今（2017 年 10 月）运行约 7 个月，累计总发电量已达到 163311.3 kWh，同期累计总使用电量为 221495 kWh，自发电量占总耗电量的比例为 74%。

A 楼累积发电量为 97986.8 kWh，同期累计使用电量为 69708.6 kWh，富余电量为 28278.2 kWh，达到 A 楼总耗电量的 40%。7 个月 A 楼单位建筑面积耗电量为 20.50 kWh，预计全年单位建筑面积耗电量为 35 kWh 左右。目前本项目售电价格为每度 0.41 元，另外还获得国家光伏余电上网补贴每度 0.42 元，因此如果余电上网销售的话，预计全年收益为 4 万元左右。

光伏发电及建筑用电情况如图 3.2-27、图 3.2-28 所示。

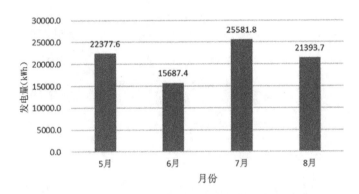

图 3.2-27　2017 年 5—8 月低碳馆光伏板发电量分布情况

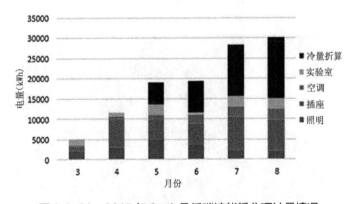

图 3.2-28　2017 年 3—8 月低碳馆能耗分项计量情况

3.3 浙江省建设科技研发中心

3.3.1 项目概况

浙江省建设科技研发中心大楼位于杭州市区西湖区，南临文二路，东临莫干山路。项目总用地面积 10894 m²，总建筑面积 51409m²。本项目下设 3 层整体地下室，地上部分由 1 幢建筑高度为 29 m 的裙楼（8 层）和 1 幢建筑高度为 54 m 的主楼（15 层）组成。裙楼与主楼之间，在 3 层以上，有 5 层高的连接体相连。

本项目的建筑屋面面积共 1400 m²。其中，因为东面主楼高，西面裙楼的部分屋面被遮挡了上午时段的阳光，不能布置光伏屋面板；因为要保证大楼北边临近建筑的冬季日照，北面的部分屋面也不能布置光伏屋面板。

本项目由杭州天裕太阳能开发有限公司负责实施，2016 年 5 月 12 日完成竣工验收。

图 3.3-1　项目地理位置

图 3.3-2　项目实景图（1）

图 3.3-3　项目实景图（2）

3.3.2 可再生能源应用概况

3.3.2.1 可再生能源建筑应用规模

本项目分布式光伏发电装机容量为 **45.19 kWp**。

3.3.2.2 项目特点

本项目采用多晶硅双玻透光组件,透光率25%,组件支架采用工字钢,高度不低于2.5 m,组件安装倾角为 5 度,下设屋顶绿化、休闲廊道,高效利用垂直空间。

3.3.3 可再生能源设计说明

3.3.3.1 系统原理

本项目光伏并网发电系统主要由光伏组件、汇流箱、直流配电柜、并网逆变器、交流配电柜、变压器及监控系统组成。

光伏电池组件方阵将太阳能转化为电能（直流电）,并传递到与之相连的逆变器上,逆变器将直流电转换成交流电,并输出到公共电网,实现向外输送电力。

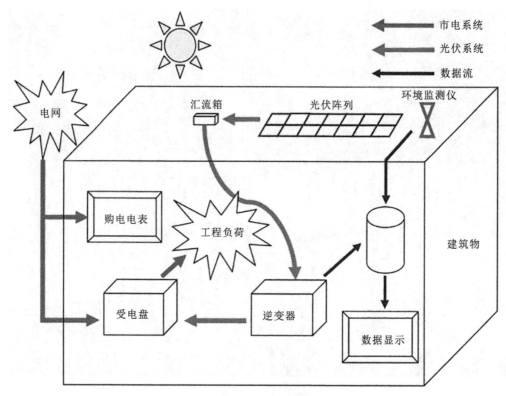

图3.3-4　系统原理图

3.3.3.2 太阳能电池组件选型

本工程选用多晶硅双玻透光组件。

该组件具有以下优势：

a）具有较高的发电效率：比普通组件高出 4% 左右。

b）衰减率较低：传统组件的年衰减率在 0.7% 左右，双玻组件的年衰减率则在 0.5% 左右。

c）能解决组件耐候问题：玻璃是无机物二氧化硅，与沙子属同种物质，耐候性、耐腐蚀性超过任何一种已知塑料。紫外线、氧气和水分导致背板逐渐降解，表面发生粉化和自身断裂。玻璃则一劳永逸地解决了组件的耐候问题。该特点使双玻组件适用于较多酸雨或者盐雾大的地区的光伏电站。

d）玻璃的耐磨性非常好：有效解决了组件在野外的耐风沙问题，大风沙地区双玻组件的耐磨性优势明显。

e）双玻组件不需要铝框：没有铝框使导致PID发生的电场无法建立，大大降低了发生PID衰减的可能性，即使是在玻璃表面有大量露珠的情况下。

f）清洗方便：双玻组件没有铝框，更容易清洗，减少组件表面积灰，有利于提升发电量。

g）节约成本：玻璃的绝缘性优于背板，使双玻组件可以满足更高的系统电压，以节省整个电站的系统成本。

h）防火等级高：双玻组件的防火等级由普通晶硅组件的C级升级到A级，使其更适合用于居民住宅、化工厂等需要避免火灾隐患的地区。

i）环保：双玻组件有机材料较少，更环保，容易回收，更符合绿色能源的发展趋势。

j）能减少局部隐裂问题的发生：双玻组件前后两片玻璃的结构形式，减小了组件在施工安装过程中产生局部隐裂问题的概率。

k）散热性好：双玻组件无背板，散热性好。温度过高将使组件的发电量降低，而双玻组件在这方面散热性要优于单玻组件，从而提升了发电量。

该组件的主要技术参数见表3.3-1：

表3.3-1　多晶硅双玻透光组件（25%透光率）主要技术参数

电气特性	峰值功率（W）	187.5
	峰值电压（V）	31
	峰值电流（A）	6.05
	开路电压（V）	37
	短路电流（A）	7.30
机械特性	尺寸（mm）	长16348，宽986，厚9
	重量（kg）	35
	电缆接头	MC4
	电缆长度（mm）	750
	电缆截面积（mm²）	4
温度系数	峰值功率（W）	−0.20%/℃
	峰值电压（V）	−0.32%/℃
	峰值电流（A）	+0.14%/℃
	开路电压（V）	−0.33%/℃
	短路电流（A）	+0.09%/℃
安装注意事项	最大系统电压（V）	1000
	组件工作温度范围	−40℃～85℃

3.3.3.3　并网逆变器选型

并网逆变器是光伏并网发电系统的重要设备之一。太阳能电池组件把太阳能转化为直流电能，经并网逆变器转换为与交流电网同频率、同相位的正弦波电流，馈入电网实现并网发电功能。

本工程拟选用规格为20 kW、25 kW的逆变器，其具有以下功能：

a）三相输出。

b）最大效率大于98.6%。

c) 电压范围: 200~850 V。

d) 显示屏: 大尺寸彩屏液晶。

e) 精确的 MPPT 算法。

f) 4 路 MPPT 接入, 更灵活, 更高效。

g) 设计轻便, 安装简易。

h) 户外型 IP65 保护等级。

i) 支持 RS485、WiFi、GPRS 等多种通信手段, WiFi、GPRS 监控软件可在手机 App 中下载。

其中, 20 kW 逆变器的主要参数见表 3.2-2。

表 3.3-2 20 kWp 逆变器主要参数

型号	GCT-20K	
新能源发电方式	光伏发电	
输入	最大输入功率	24 kW
	最大输入电压	1000 V
	启动电压	350 V
	MPPT 电压范围	200~800 V
	最大输入电流	18 A＋18 A＋18 A＋18 A
	MPPT 数量 / 最大输入路数	4/8
输出	额定输出功率	20 kW
	最大输出功率	22 kW
	额定电网电压	380 Vac/400 Vac
	电网电压范围	304~460 V（可调节）
	电网相位	三相
	最大输出电流	28.7 A
	输出功率因素	＞0.99
	最大测流谐波	Total THD＜3%
	电网直流分量值	＜50 mA
	额定电网频率	50/60 Hz
	工作频率范围	47~52 Hz 或 57~62 Hz（可调节）
效率	最大效率	98.4%
	欧洲效率	97.6%
	MPPT 效率	99.9%

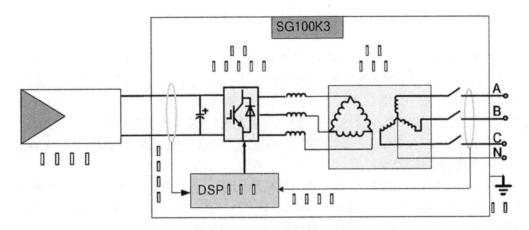

图 3.3-5　并网逆变器电气原理图

3.3.3.4　太阳能电池方阵设计

本项目使用单片功率 187.5 W 的多晶硅双玻透光组件,共 241 片,透光率 25%,总功率 45.19 kW。

裙房 8 层楼顶装机容量为 20.8125 kWp,组串方式为 22 片一串,共 5 串,5 串直接接入 20 kW 的光伏逆变器。

主楼 15 层屋顶装机容量为 24.375 kWp,组串方式为 22 片一串,共 6 串,6 串直接接入 25 kW 的光伏逆变器。

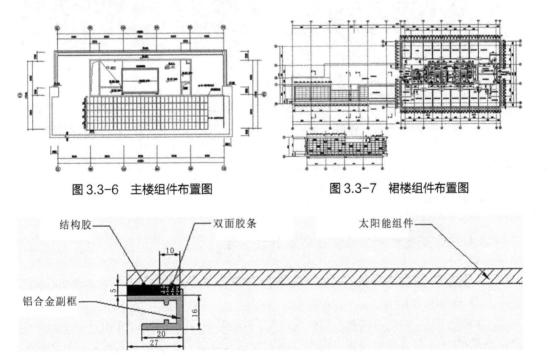

图 3.3-6　主楼组件布置图　　　　图 3.3-7　裙楼组件布置图

图 3.3-8　大样图

3.3.3.5 光伏建筑一体化发电监控系统设计

数据收集全部采用电脑自动记录，记录的参数包括光伏阵列的电压、光伏阵列的电流、光伏组件的温度、逆变器输出功率、逆变器输出电压、逆变器输出电流、逆变器输出频率、环境温度、太阳辐射瞬时值、太阳辐射日累计值、系统实时功率、系统日发电量累计值、系统总发电量累计值等。同时，对关键数据（如年发电量）采用其他仪表计量。

监控系统包括以下设备：辐射照度仪、温度计、风速计、控制器、调制解调器、终端控制（显示）设备、数据线缆等。

监控系统主要通过网络通信接口与计算机系统联网，可以实现对电网电压、电网频率、直流电压、逆变器状态、散热器状态、有功功率、功率因素、电能量等参数进行监测，以及对故障信息进行监视，并显示各种监控量和记录，保存各种状态信息。

通过计算机等相关终端的显示，系统可实现对相关资料的实时监控。显示器中显示当前发电总功率、日总发电量、累计总发电量、累计 CO_2 总减排量、日照强度、风速、风向、室外温度、室内温度和电池板温度等参量，以及每天发电功率曲线图。可查看每台逆变器的运行参数，包括直流电压、直流电流、直流功率、交流电压、交流电流、逆变器机内温度、时钟、频率、功率因素，并可根据需要显示其他各种关注的信息数据。

监控界面的设计方案如图 3.3-9、图 3.3-10 所示：

 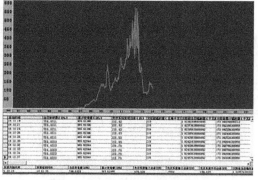

图 3.3-9　监控系统界面　　　　　图 3.3-10　监控系统当日和历史数据报告图

3.3.4 安装

3.3.4.1 实施过程中的难点分析及解决方案

为了达到光伏系统与建筑效果的有机结合，本项目在设计上并不追求太阳能利用率的最大化，而是与建筑结构进行一体化设计。

具体到细节上，则是沿着建筑的外观坡度，以隐框幕墙或隐框采光顶的形式，分别铺设 BIPV 组件于主楼及裙楼屋顶。虽然没有设置在最佳倾角上，但经软件分析得到的模拟发电量，尚在令人满意的范围内，尤其值得称许的是，建筑效果得到很大提升。

通过在屋顶上安装光伏系统，太阳能电池可以吸收更多的太阳能，使得直接辐射到屋顶的太阳能减少，产生保温隔热的作用，降低围护结构的传热系数。另外，可吸收太阳直射光和部分反射光，将其中大部分太阳辐射能转变为电能。基于这两点，室内的热量可以大大减少，所以在夏季可以减少空调冷负荷，这就是屋顶太阳能发电系统在节能方面的巨大优势。

该系统采取了不带蓄电池储能的方式，光伏组件发出的直流电，直接由并网逆变器变换为交流电并入电网使用。该技术方案充分利用了建筑面积，提高了发电效率，降低了输配电损耗，与电网互为补充，并联运行。

系统采纳国内外太阳能光伏发电及并网的相关标准和规范，充分考虑了太阳能光伏发电系统在建筑物上的安装结构与工艺设计、线路设计与配线、防雷保护、监控系统等等。该系统在设计时，不仅考虑了光伏系统本身的技术特点，而且严格执行了建筑行业的相关标准和规范。该系统的建设，对今后太阳光伏发电一体化系统在民用建筑上的应用，以及设计、建设大型并网光伏电站，都具有积极的借鉴和参考意义。

3.3.4.2　实施过程中的经验总结

a）检查安装使用条件是否符合设备使用说明书和相关标准、规程的规定。

b）仔细观察光伏幕墙外观是否平整、美观，组件表面是否清洁，用手触摸组件，检查是否松动，接线是否固定，是否有接触不良，等等。

c）检查方阵的布线，最大输出功率，组件连接线的规格，组件连接线及方阵输出电缆的绑扎固定状况。

d）检查馈线走向路由，线路电压降，线间或线对地绝缘电阻，穿线管口密封情况，电缆端头处理，电源馈线与控制柜连接情况。

e）检查控制柜安装位置和安装的牢固程度。

f）在控制器单独测试完毕后，即可按设计要求进行连线，有的控制器没有防反接功能，要注意极性不能接错。

3.3.4.3　系统调试、运行情况

a）以单块组件提供的技术参数和型号为依据，检查光伏组件串的开路电压是否大致等于各单块组件的电压乘以串联数目。测量光伏组件串两端的断路电流，看是否基本符合设计要求。所有光伏组件串都检查合格并做好记录后，进入下一阶段调试。

b）经过测量，所有并联的太阳能电池组件串的开路电压基本上都相同，方可进行并联。并联后电压基本不变，总的断路电流应大体等于各个组件串的断路电流之和。在测量短路电流之和时，应注意安全，电流太大时可能跳火花，会造成设备或人身事故。

c）将光伏方阵输出的正、负极与控制器相应的输入端相连接，注意极性不能接反。检查方阵输出电压是否正常，是否有充电电流流过，做好记录。

d）测量逆变器输出的工作电压，检测输出的波形、频率、效率、负载功率因数等指标是否符合设计要求。测试逆变器的保护、报警等功能，并做好记录。

e）若光伏系统各个部分均工作正常，即可投入运行。定时记录各种运行数据，正常运行一定时间后，若无异常情况发生，系统调试完毕。

图 3.3-11　预埋现场图　　　　　　　　　　图 3.3-12　钢构现场图

图 3.3-13　屋面光伏的钢框架施工（1）　　图 3.3-14　屋面光伏的钢框架施工（2）

图 3.3-15　屋面光伏的钢框架施工（3）　　图 3.3-16　透光光伏组件

图 3.3-17 透光光伏组件的安装

图 3.3-18 主楼屋顶光电效果图

图 3.3-19 裙楼屋顶光电效果图

3.3.5 屋面光伏发电的监测控制系统实录

图 3.3-20　光伏监测传感器

图 3.3-21　光伏逆变器

图 3.3-22　光伏监测柜

图 3.3-23　屋面光伏自发自用的用电系统——地下车库照明实录

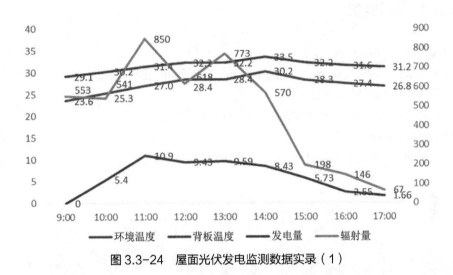

图 3.3-24　屋面光伏发电监测数据实录（1）

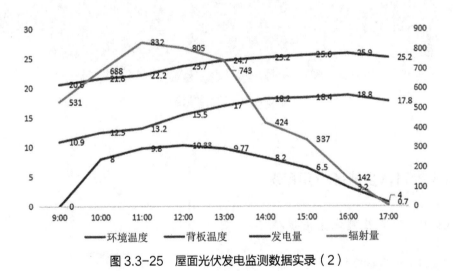

图 3.3-25　屋面光伏发电监测数据实录（2）

3.4 杭州天裕光能科技有限公司——分布式光伏发电

3.4.1 项目概况

建筑类型：彩钢瓦屋顶。

建筑面积：一期约 4 万 m^2，二期约 1 万 m^2，共 5 万 m^2 左右。

建筑特点：空旷平整、无遮挡。

建筑地址：杭州经济技术开发区 12 号大街出口加工区。

建筑朝向：朝南。

竣工时间：一期 2013 年 6 月竣工，二期 2017 年 5 月竣工。

图 3.4-1 项目效果图

3.4.2 可再生能源应用概况

3.4.2.1 可再生能源应用规模

本项目可再生能源太阳能光伏系统分两期建成。

一期为 1.1 MWp 厂房屋顶光伏发电项目，光伏电池组件安装位置在杭州天裕光能科技有限公司 1# 建筑屋面上，工程装机容量为 1100 kWp。

二期为新厂房 486 kW 分布式光伏发电项目，光伏电池组件安装位置在杭州天裕光能科技有限公司新厂房屋面上，工程装机容量为 486 kWp。

本项目由杭州天裕光能科技有限公司负责实施。

图3.4-2　25度倾角安装实景图　　　　　图3.4-3　0度倾角安装实景图

3.4.2.2 项目特点

本项目采用了交流电源跟踪技术。

当公共电网供电端的电压和频率等参数在正常范围内变化时，并网光伏发电系统的输出自动跟踪公共电网的电压和频率、相位等的实时参数，随时调整其交流输出功率、交流输出电流、高次谐波、频率和相位，使之与电网相匹配，保证光伏系统的输出电压总谐波畸变率小于5%，输出电流总谐波畸变率小于5%，各次谐波电流含有率小于3%，输出频率偏差值小于50±0.5 Hz，从而在运行时不造成电网电压波形过度的畸变，导致过度的谐波电流注入电网。

交流电源跟踪技术能保证并网光伏发电系统与公共电网的同步运行防逆流装置的有效动作，一旦出现太阳能光伏系统或公共电网发电异常或故障，能够自动将太阳能光伏系统与公共电网分离。

3.4.3 可再生能源设计资料

3.4.3.1 太阳能电池组件选型

本工程选用非晶薄膜电池组件。该组件系列产品既经济又可靠，保质期可达20～25年，给长期投资带来最佳回报。它可以被广泛应用于各种环保工程领域，从大型长期太阳能项目到中小型独立及并网系统太阳能电站。

组件系列经过公司内部各种可靠性实验测试，例如，自然阳光下和模拟太阳光下的衰减测试，以确保标识的输出功率。

光伏电池组件的特点如下：

a）优质牢固的铝合金边框可以抵御强风、冰冻及变形。

b）新颖特殊的边框设计进一步加强了玻璃与边框的密封性。

c）铝合金边框的长短边都备有安装孔，满足各种安装方式的要求。

d）高透光率的低铁玻璃增强了抗冲击力。

e）采用优质的EVA材料和背板材料。

一期1.1 MW选用GA-100-GBA型峰值功率为100 Wp的非晶薄膜电池组件，其主要技术参数见表3.4-1：

表 3.4-1 主要技术参数

分 类 名 称	ASF-100
组件类型	非晶硅薄膜电池组件
额定开路电压	100.0 V
额定短路电流	1.66 A
峰值工作电压	76 V
峰值工作电流	1.32 A
峰值功率输出	100 Wp
接线盒特性说明	BOX07 接线盒，通过 TUV 认证
组件尺寸	1414 mm×1114 mm×37.5 mm
组件重量	21.5 kg

二期 486 kW 项目选用峰值功率为 110 Wp 的非晶薄膜电池组件（ASF110），其主要技术参数见表 3.4-2：

表 3.4-2 ASF110 组件技术参数

特 性	分 类	参 数
电气特性	峰值功率（W）	110
	峰值电压（V）	77
	峰值电流（A）	1.49
	开路电压（V）	99
	短路电流（A）	1.71
机械特性	尺寸（mm）	长 1400，宽 1111，厚 35
	重量（kg）	20.3
	电缆接头	MC4
	电缆长度（mm）	900
	电缆截面积（mm²）	2.5

3.4.3.2 直流接口设备选型

直流（DC）接口设备是指太阳能电池组件方阵与逆变器或功率调节系统输入端之间的连接设备。

并网光伏发电站用直流接口设备，包括直流侧一次汇流设备—太阳能电池组件方阵现场使用的光伏阵列防雷接线箱，以及直流侧二次汇流设备—电源机房内布置的直流配电柜。

（1）光伏阵列防雷接线箱选型

光伏阵列防雷接线箱亦称汇流箱，是具有将太阳能电池组件有序连接、汇流和防雷功能的接线装置。该装置能够保障光伏系统在维护、检查时易于分离电路，当光伏系统发生故障时缩小停电的范围，是光伏并网电站直流侧的一次汇流设备。

本工程拟选用的光伏阵列防雷接线箱的规格为输入 20 路、输出 1 路。将 20 组太阳能电池组串接入防雷接线箱汇流后，经相应规格的直流电缆就近送入光伏电站电源机房内的直流配电柜进行二次汇流。

光伏阵列防雷接线箱的性能特点如下：

a）防水、防尘、防锈、防晒，防护等级为 IP65，适合室外安装。

b）可同时接入 20 路电池串列，每路电池阵列的最大电流 10 A。

c）每路可接入电池阵列的开路电压为 1000 V。

d）每路输入的正极、负极都配有太阳能光伏专用高压直流保险（熔断器）进行保护，熔断器额定电压 1000 VDC、额定电流 7 A。

e）20 路电池阵列进行直流汇流后，直流母线的正极对地、负极对地及正负极间均配有菲尼克斯光伏专用防雷器，防雷器额定放电电流≥15 kA，最大放电电流≥30 kA。

f）直流输出装配 ABB 直流断路器。

光伏阵列防雷接线箱电气原理框图如图 3.4-4 所示：

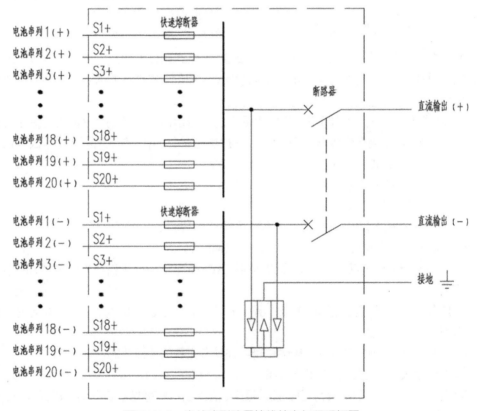

图 3.4-4 光伏阵列防雷接线箱电气原理框图

（2）直流防雷配电柜选型

太阳能电池阵列通过光伏阵列防雷接线箱在室外进行汇流后，经电缆接至配电房的直流防雷配电柜再进行一次总汇流。

每台直流防雷配电柜按照最多 3 个 100 kW 直流配电单元进行设计,每个直流配电单元最多可接入 6 台光伏阵列防雷接线箱,汇流后接至并网光伏专用逆变器。

直流防雷配电柜的特点如下:

a)每个直流配电单元都可通过表记直观地显示直流电压值。

b)每路直流输入端,均装配 ABB 直流断路器和防反二极管。

c)输出端均装配菲尼克斯光伏专用防雷器,防雷器额定放电电流≥15 kA,最大放电电流≥30 kA。

d)配电柜的尺寸(深×宽×高)为 600 mm×800 mm×1900 mm。

直流防雷配电柜电气原理框图如图 3.4-5 所示。

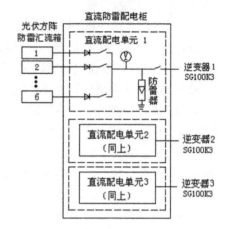

图 3.4-5　直流防雷配电柜电气原理框图

3.4.3.3　并网逆变器选型

并网逆变器是光伏并网发电系统的重要设备之一。太阳能电池组件把太阳能转化为直流电能,经并网逆变器转变为与交流电网同频率、同相位的正弦波电流,馈入电网实现并网发电功能。

本工程拟选用 SG 系列并网逆变器。该系列逆变器运用电流控制型 PWM 有源逆变技术和优质高效 50 Hz 隔离变压器,可靠性高,保护功能齐全,并具有电网侧高功率因数正弦波电流、无谐波污染供电等特点。

SG 系列并网逆变器的技术性能及特点如下:

a)采用美国某公司 DSP 控制芯片。

b)主电路采用日本某公司第五代智能功率模块(IPM)。

c)采用太阳能电池组件最大功率跟踪技术(MPPT)。

d)50 Hz 工频隔离变压器,实现光伏阵列和 AC380 V、50 Hz 三相交流电网之间的相互隔离。

e)具有直流接反、输出过载、输出短路、电网断电(孤岛)、电网过欠压、电网过欠频等故障保护及示警功能。

f)采用了先进的孤岛效应防护检测方案,并具有完善的监控功能。

g)直流输入电压范围宽,整机效率高。

h)人性化的 LCD 液晶界面,通过按键操作,液晶显示屏可显示各项实时运行数据、实时故障数据、历史故障数据、总发电量数据、历史发电量数据等。

i)液晶显示屏可提供中文、英文 2 种语言的操作界面。

j)可提供包括 RS485 或 Ethernet(以太网)远程通信接口。其中 RS485 遵循 Modbus 通信协议。Ethernet 接口支持 TCP/IP 协议,支持动态(DHCP)或静态获取 IP 地址。

k)适应中国电网电压波动较大的特点。并网逆变器正常工作允许电网三相线电压范围为 AC330 V～AC450 V,频率范围为 47～51.5 Hz。

表 3.4-3　SG 系列并网逆变器技术参数

型号	250 kW
隔离方式	工频变压器
推荐最大太阳能电池阵列功率	250 kWp
最大阵列开路电压	DC880 V
太阳能电池最大功率点跟踪（MPPT）范围	DC450 V～DC820 V
最大直流输入电流	250 A
额定交流输出功率	250 kW
总电流波形畸变率	<3%（额定功率时）
功率因数	>0.99
最大效率	96.5%
允许电网电压范围	AC330 V～AC450 V
允许电网频率范围	47～51.5 Hz
夜间自耗电	<100 W
保护功能	极性反接保护、短路保护、孤岛效应保护、过热保护、过载保护、接地保护等
通信接口	RS485
使用环境温度	−20℃～+40℃
使用环境湿度	0～95%，不结露
噪音	≤50 dB
冷却方式	风冷
防护等级	IP20（室内）
尺寸（深×宽×高）	850 mm×2400 mm×2180 mm
重量	2400 kg

并网逆变器电气原理图如图 3.4-6 所示：

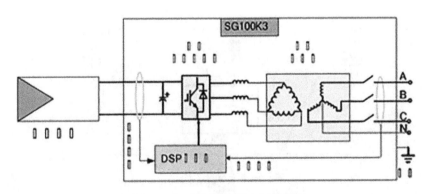

图 3.4-6　并网逆变器电气原理图

3.4.3.4　太阳能电池方阵设计

一期 1.1 MW 建筑屋顶布置 11000 块太阳能电池组件，合计功率 1100.0 kWp。以 1×14 的排列方式串联成一个阵列，部分根据具体面积计算有所改动。每 7 个组件串联成一个回路，

20 个回路汇至一台光伏直流防雷汇流箱进行汇流,1# 建筑屋顶需汇流箱 73 只。将汇流后的电流接入光伏直流配电箱,需直流配电柜 4 台。再接入 4 台 250 kW 逆变器。

二期 486 kW 建筑屋顶布置 4419 片太阳能电池组件,合计功率 486.09 kWp。组串方式为 9 片一串,共 491 串,5 串 1 并进入六通接头,共 100 个六通接头,六通接头出线分别接入 15 台 30 kW 的逆变器和 1 台 36 kW 的逆变器,逆变器三相 380 V 出线接入电网。

3.4.3.5 数据计量监控

并网发电的监控,分为远程监控和现场监控。其监控功能如下:

a) 控制中心能够通过监控装置采集光伏电站逆变器和电池方阵运行时的相关实时数据,并对系统运行状态进行详细记录。监控装置具有自诊断功能,能够接收控制中心的指令,并对逆变器和配电柜发送相应数据执行操作。

b) 监控装置能够依据光伏电站所处位置的通信条件,将所采集数据或状态信息通过调制解调器、GSM 或因特网 3 种方式之一传递给远程控制中心。

c) 监控中心的工作站配有实时数据分析软件包与故障分析软件包。实时数据分析软件包可显示电站中逆变器和电池方阵的相关参数,同时显示系统的运行曲线。故障分析软件包可判断出系统中逆变器或电池方阵运行时出现的故障情况及位置,同时发出相应的声光报警。

d) 监控装置能够采集的量和执行的操作:

* 数据采集量包括光伏电站输出的电压、电流、频率、总功率值和三相电压的不平衡度,逆变器的各种故障信息、工作状态,电池方阵的输出电压、电流。

* 执行的控制操作:按指定地址切断逆变器的输出、电池方阵的电压输出。

* 信息数据的存储:能够将装置的采集数据和逆变器的故障信息进行存储;可人工进行查阅,并以数据报表的形式打印出来。

图 3.4-7　数据收集系统原理图

3.4.4 部分节点做法图

图 3.4-8 组件安装图（1）

图 3.4-9 组件安装图（2）

图 3.4-10　集线盒

图 3.4-11　汇流箱

图 3.4-12　拉线安装夹具

图 3.4-13　安装藤条

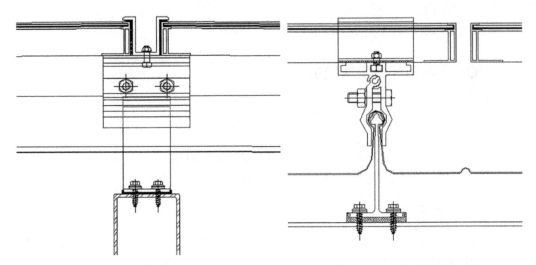

图 3.4-14　横剖安装节点图　　　　图 3.4-15　竖剖安装节点图

3.5 杭州怡光新能源科技有限公司——分布式光伏发电

3.5.1 项目概况

建筑类型：彩钢瓦屋顶。
建筑面积：约 9360 m²。
建筑特点：屋面较为平整空旷。
建筑地址：杭州经济技术开发区 10 号大街 280 号。
建筑朝向：南。
竣工时间：2016 年 12 月 16 日。

3.5.2 可再生能源应用概况

3.5.2.1 可再生能源应用规模

本项目使用单片功率 260 W 的多晶硅太阳能组件，共 4416 片，总功率 1148.16 kW。本项目由杭州怡光新能源科技有限公司负责实施。

3.5.2.2 项目特点

项目配置 1 套监控装置、1 套环境监测仪，采用 RS485（标配）或 Ethernet 以太网（选配）的通信方式，利用自主开发的监控软件，实时掌控光伏并网逆变器的工作状态和运行参数，以及光伏阵列现场的环境参数（含风速、风向、日照强度、环境温度）。

3.5.3 可再生能源设计说明

3.5.3.1 方阵设计

组串方式为 20 片一串，共 221 串，每 6 串接入 1 台 30 kW 逆变器，共使用逆变器 37 台，逆变器三相 380 V 出线接入三相电网。
每个厂房单独接入内部的变电站，共 3 个低压并网点。

图 3.5-1　光伏组件安装实景图

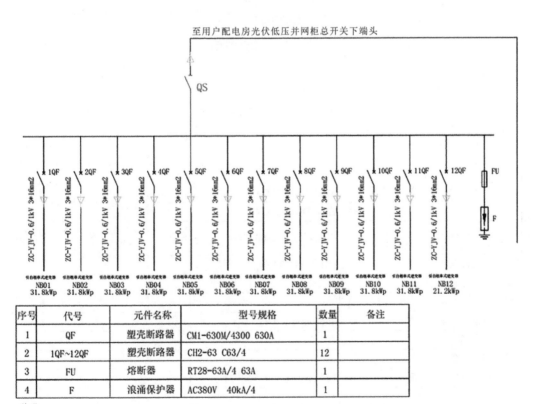

至用户配电房光伏低压并网柜总开关下端头

说明:
1. 做交流汇流箱1,详见上图:采用电缆下进下出线方式,明箱。箱内安装零排、地排。
2. 本图中所涉及断路器的品牌仅供参考,但用户最终选用产品的功能和参数不得低于图中所列型号。

图 3.5-2　交流汇流箱配电图

序号	代号	元件名称	型号规格	数量	备注
1	QF	塑壳断路器	CM1-630M/4300 630A	1	
2	1QF~12QF	塑壳断路器	CH2-63 C63/4	12	
3	FU	熔断器	RT28-63A/4 63A	1	
4	F	浪涌保护器	AC380V 40kA/4	1	

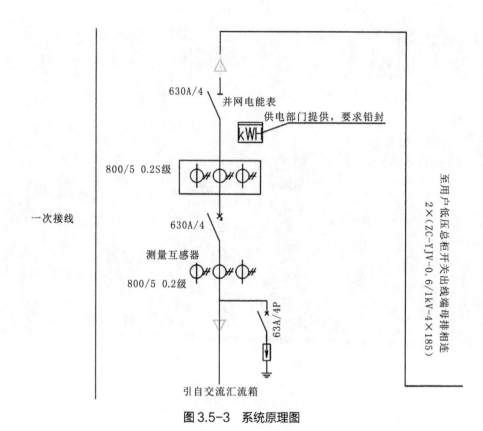

图 3.5-3 系统原理图

表 3.5-1 开关柜相关参数

开关柜型号		GCS		
开关柜名称		光伏低压并网柜		
	名 称	型号规格	数量	备注
主电路电气元件	柜体尺寸（宽×深×高）	800×800×2200	1	
	刀开关	HB13BX-630A/41	1	
	框架式断路器	CM1-630M/4300 630 A	1	电动操作AC200 V，带欠压脱扣器
	塑壳断路器	CH2-63 C63A/4	1	
	塑壳断路器			
	塑壳断路器			
	浪涌断路器	385V-40kA/4	1	
	熔断器			
	电能计量表			
	电流互感器（测量）	LMZ1-0.66 800/5A 0.2 级	3	
	电流表		3	
	电压表		3	
	电流互感器（测量）	800/5 0.2S.级	3	
	并网电能表		1	由当地供电部门提供

3.5.3.2 监控系统

(1) 监控主机特点

此光伏并网发电系统采用高性能工业控制 PC 机作为系统的监控主机，配置光伏并网系统专用网络版监测软件，采用 RS485（标配）或 Ethernet 以太网（选配）通信方式，可以连续每天 24 小时对所有的并网逆变器运行状态和数据进行监测。

(2) 并网系统的网络版监控软件功能

实时显示电站的当前发电总功率、日总发电量、累计总发电量、累计 CO_2 总减排量，以及每天的发电功率曲线图。

可查看每台逆变器的运行参数，主要包括（但不限于）直流电压、直流电流、直流功率、交流电压、交流电流、逆变器机内温度、时钟、频率、功率因数、当前发电功率、日发电量、累计发电量、累计 CO_2 减排量、每天发电功率曲线图；监控所有逆变器的运行状态，采用声光报警方式提示设备出现故障，可查看故障原因及故障时间。

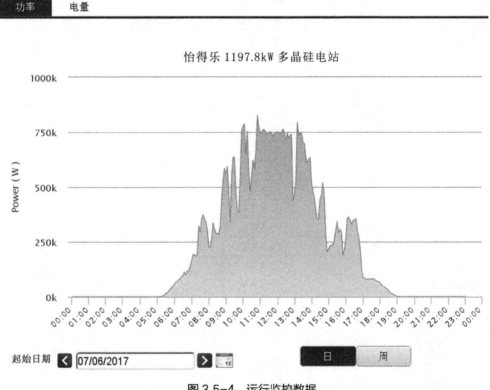

图 3.5-4　运行监控数据

3.5.3.3 接入网方案

本系统采用三相并网逆变器，直接并入三相低压交流电网（AC380 V，50 Hz），使用独立的 N 线和接地线。

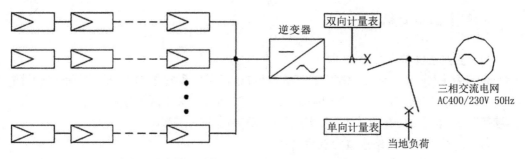

图 3.5-5　可逆流低压并网发电系统

3.5.4 投资及效益测算

表 3.5-2　投资及效益测算表

安装位置	浙江省杭州市			
占地面积	9500	m²		
安装类型	□水泥屋顶	■彩钢瓦屋顶	□别墅屋顶	□地面
安装角度	□0度	■3度	□25度	□其他
装机功率	1148.16	kWp		
组件选择	■多晶硅组件			
组件价格	3.8	元/W		
系统价格	7.30	元/W		
总投资	838.16	万元		
综合电价				
当前电价	0.82	元/kWh（自发自用）		
国家补贴	0.42	元/kWh		
省级补贴	0.1	元/kWh		
市级补贴	0.1	元/kWh　补贴5年		
县区级补贴	0.1	元/kWh		
其他补贴		元/kWh		
度电总收益	1.54	元/kWh		
收益测算				
每瓦日发电量	0.0029	kWh/Wp		
每瓦年发电量	1.0585	kWh/Wp		
日最高发电量	6888.96	kWh		
日均发电量	3329.664	kWh		
年总发电量	1215327.36	kWh		
年CO_2减排量	1211681.378	kg		
每瓦年收益	1.63009	元/Wp		
年总收益	1871604.134	元		
投资回收年限	4.48	年		
年收益率	22.33%			

4 空气源热泵热水工程案例

4.1 浙江省住房和城乡建设厅干部学校——热水改造

4.1.1 项目概况

浙江省住房和城乡建设厅干部学校位于杭州市西湖区学院路 126 号,属省住房和城乡建设厅下属全额拨款的纯公益类事业单位,是省建设系统国家公务员及军队转业干部岗前培训基地。

学校原学生宿舍楼的热水供应由燃气锅炉提供,使用时间约 10 年,能耗高,维护管理成本大。

学校于 2016 年 12 月对 3# 南楼、北楼进行了宿舍楼热水系统改造,采用 2 套太阳能＋空气源热泵热水系统,南、北楼各 1 套,2017 年 6 月竣工投入使用。

本项目由杭州龙华环境集成系统有限公司负责实施。

图 4.1-1 项目地理位置

4.1.2 可再生能源示范规模

南楼共有宿舍 42 间，每间 2 个床位，设置集热器面积 120 m²，供热水箱 10 t；北楼共有宿舍 28 间，每间 2 个床位，设置集热器面积 60 m²，供热水箱 6 t。

图 4.1-2　项目实景图

4.1.3 系统设计（以南楼为例）

4.1.3.1 设备选型

（1）集热器

集热器面积根据以下公式计算：

$$A_{jz}=\frac{q_r C\rho_r\ (t_t-t_1)\ f}{J_1\eta_j\ (1-\eta_1)}$$

其中各参数见表 4.1-1 所示：

表 4.1-1　计算参数表

参　数	参数符号	参数值	单　位
设计日用水量	q_r	60 升 / 人·天 × 42 间 × 2 人	m³
水比热	C	4.187	kJ/（kg×℃）
水的密度	ρ	1	kg/L
热水设计温度	t_r	55	℃
冷水平均温度	t_1	5	℃
太阳能保证率	f	50%	
年太阳能辐照量	J_1	12525	kJ/（m²·d）
集热器年均集热效率	η_j	0.55	0.46～0.55
集热系统热损失率	η_1	0.25	0.2～0.25

由上述公式可得，在太阳能保证率为 50% 的情况下，所需太阳能集热器的面积为 120 m^2，共 60 块。

（2）**储热水箱**

太阳能集热系统储热水箱有效容积可按下式计算：

$$V_{rx} = q_{rid} \times A_j$$

式中，V_{rx}——储热水箱有效容积（L）；

      q_{rid}——集热器单位采光面积平均每日产热水量 [L/（$m^2 \cdot d$）]，本项目取的是 50 L/（$m^2 \cdot d$）；

      A_j——集热器总面积（m^2），本项目为 120 m^2。

由上述公式计算可得，本项目太阳能集热系统储热水箱有效容积为 6000 L，故选取水箱容量为 6 T。

（3）**空气源热泵机组**

热泵的设计小时供热量可按下式计算：

$$Q_g = k_1 \frac{mq_r C (t_r - t_1) \rho_r}{T_1}$$

式中，Q_g——热泵设计小时供热量（kJ/h）；

      k_1——安全系数，$k_1 = 1.05 \sim 1.10$；

      m——用水计算单位数（人数或床位数），本项目为 84 人；

      q_r——热水用水定额（升／人·天，或升／床·天），本项目为 60 升／人·天；

      t_r——热水温度，本项目为 55℃；

      t_1——冷水温度，本项目为 15℃；

      T_1——热泵机组设计工作时间（h/d），本项目取 12 h。

由上述公式计算可得，本项目太阳能集热系统所选空气源热泵设计小时供热量为 77246.4 kJ/h，即 21.5 kW。

（4）**热水循环泵**

热水系统选择热水变频水泵的型号为 PB-H400EA，流量为 4.7 m^3/h，扬程为 20 m，功率为 400 W。

（5）**集热循环水泵**

热水系统选择集热循环水泵的型号为 PH-251E，流量为 7.5 m^3/h，扬程为 19.2 m，功率为 250 W。

4.1.3.2 系统原理

本项目采用集中集热、集中储热，太阳能集热系统通过容积式换热器与集热水箱进行热交换，空气源热泵系统相对独立，通过控制系统将其紧密结合。集热水箱与供热水箱利用市政压力供水。

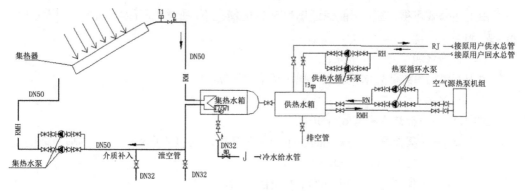

图 4.1-3　系统原理图

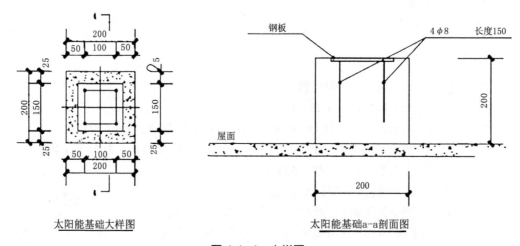

太阳能基础大样图　　　　　　　太阳能基础a-a剖面图

图 4.1-4　大样图

4.1.3.3 控制系统设计

控制系统采用智能控制技术,数据传输采用 RS485 协议,控制逻辑为:

a) 当 T1－T2≥6℃(可调),集热水泵 P1 启动。

b) 当 T1－T2≤2℃(可调),集热水泵 P1 关闭。

c) 当 T2≥60℃(可调),集热水泵 P1 关闭。

d) 当 T3≤55℃(可调),集热水泵 P2 开启。

e) 当 T3≥60℃(可调),空气源热泵机组关闭。

f) 温度传感器 T1 设在集热系统出口最高点。

g) 温度传感器 T2、T3 设在水箱底部约 1/3 罐体高度处。

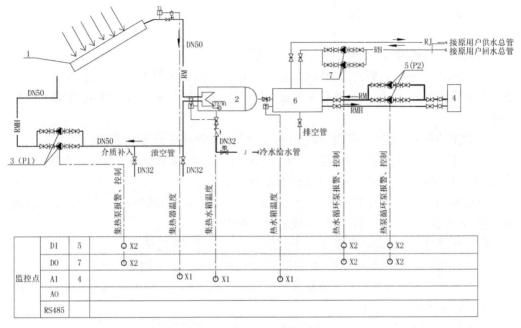

图 4.1-5　控制系统原理图

4.1.3.4　监测系统设计

监测数据通过数据采集装置，采用 **TCP/IP** 协议，传输到浙江省可再生能源监测平台数据中心，计量装置、数据采集装置应符合《可再生能源建筑应用示范项目数据监测系统技术导则》的规定，并应具备数据通信功能，且使用符合行业标准的物理接口和通信协议。

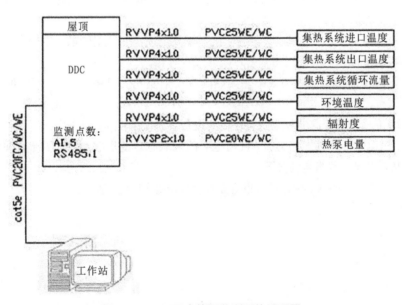

图 4.1-6　可再生能源监测系统原理图

4.1.4 施工要点说明

a）设备基础采用预制混凝土，混凝土等级为 C25。

b）太阳能板采用支架安装的时候，应当按照设计图纸的要求检查强度、耐久性、与建筑物的固定方式。太阳能集热器安装好之后顶端应加装避雷针，并设置好可靠的避雷措施。

c）太阳能板集热器的安装角度朝向，以正南为最佳原则进行定位施工。

d）太阳能板上下循环水管的连接，应互成对角线位置，且管径不应小于上下集水管的管径，上循环管道沿水流方向应有 1‰～3‰ 的向上坡度。

e）成组布置时，前后排距离，若全年使用，可考虑为集热器安装高度的 3 倍；若以夏季为主，兼顾春秋季使用，可按 0.85 倍安装高度考虑。

f）集热器与上下水循环管连接采用金属软接，并做好保温防护。

g）太阳能热水管路系统高点设置自动排气阀，以及相应数量的安全阀。

h）管道支架和管卡应固定在楼板支墩或立柱上，支、管卡采用槽钢或角钢制作，间隔不大于 3 m，并做好除锈防腐。

i）水泵进出口须设橡胶接头，水泵基础须设减震垫等减震措施。

j）穿过楼板的管道应预埋套管，穿屋面外墙或地下室外墙处应设防水套管；横管的敷设坡度不宜小于 0.003。水泵、阀门、热媒水箱处设安全防护标识或标牌，各类阀门采用全铜材质。

k）水箱、水泵、控制等设备需满足防水、防护等措施。

l）集热水箱、供热水箱、热水供水干、立管均需做保温，管道及设备在保温前应进行防腐蚀处理。

m）热水系统管道试验压力应为系统顶点的工作压力加 0.1 MPa，同时在系统顶点的试验压力不小于 0.3 MPa，试验方法按《建筑给水排水及采暖工程施工质量验收规范》（GB 50242—2002）的第 6.2.1 条规定执行。

n）原系统保留使用的水箱、管路等应进行修复清理，并重新敷设保温材料。

o）环境温度传感器应采用防辐射罩或通风百叶箱。

p）太阳总辐射传感器应与太阳能集热器或太阳能光伏组件的平面平行，偏差不得超过 ±2 度。

q）功率传感器或普通电表应安装在被测设备或系统的配电输入端。

r）强、弱电走线必须严格分开，且弱电必须采取有效的屏蔽，控制系统的桥架敷设必须将动力电源电缆与网络电缆分开。

s）全部电控柜、桥架、线管及设备等金属件均必须可靠接地。

图4.1-7　屋顶集热器安装图

图4.1-8　屋顶设备安装图

图 4.1-9　地下室设备机房图

图 4.1-10　管路安装图

4.2 闻涛中学——宿舍热水

4.2.1 项目概况

4.2.1.1 建设信息

本项目位于杭州高新技术开发区（滨江）滨盛路以北、江虹路以西、科技馆街以南、康顺路以东，占地面积 33859 m^2，建筑面积 39848 m^2，设计规模为 36 个教学班。

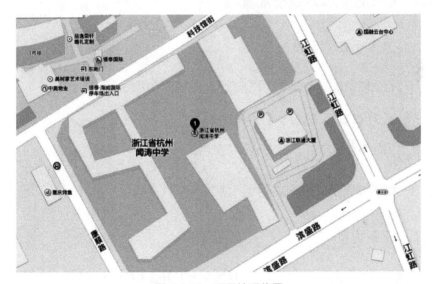

图 4.2-1　项目地理位置

图 4.2-2　项目效果图

4.2.1.2 建筑信息

本项目总建筑面积约 33859 m²。共有 4 栋建筑，配有普通教室、专用教室，并附设用于拓展学习和个别化教学的小型教室。运动场馆配有高标准塑胶跑道、室内篮球场、排球场、羽毛球场、乒乓球场等；校园公共空间含开放式图书馆阅览室、600 座学术报告厅、200 m² 学生展示区、2800 m² 学生主题活动区。

竣工时间：2015 年调试完成，工程竣工验收合格，2015 年 8 月正式投入运行。

4.2.1.3 投资概算

本项目由杭州龙华环境集成系统有限公司负责实施，投资概算为 90 万元。

4.2.2 太阳能热水系统技术概况

4.2.2.1 可再生能源应用类型

本项目可再生能源应用类型为太阳能热水＋空气源热泵热水系统。

4.2.2.2 太阳能热水系统示范应用面积

本项目太阳能集热板均布于 3# 楼屋顶，集热器设施布置占地面积约 530 m²。

4.2.3 太阳能热水系统说明

4.2.3.1 设备选型

本项目应用的可再生能源类型为空气源热泵＋太阳能集热板＋电辅助加热的热水供水方式，采用 4 t 加热水箱、8 t 恒温水箱的方式，2 台 KFXRS50 Ⅱ型热泵机组，屋顶集热板面积 290 m²，热水加热水箱配 3 根 6 kW 电加热棒。

主要设备参数为：

a) 空气源热泵机组（2 台）：

型号：SIGM-L600T/S。

额定产水量（L/h）：1288。

额定制热量（kW）：60。

额定功率（kW）：13.69。

适用环境（℃）：-10～43。

b) 平板型太阳能集热器（448 m²）：

型号：P-G/0.6-L/CK-1.90-3。

外廓尺寸 L×W×T（mm）：2000×1000×80。

总面积（m²）：2.00。

吸热面积（m²）：1.88。

c）热泵循环热水循环水泵（2台）：

型号：PH-1500Q。

参数：$Q=25$ m³/h，$H=11$ m，$N=2.2$ kW。

d）太阳能循环热水循环水泵（2台）：

型号：PH-1500Q。

参数：$Q=32$ m³/h，$H=12.5$ m，$N=3.0$ kW。

e）室内循环热水循环水泵（2台）：

型号：MHIL402DM。

参数：$Q=6.3$ m³/h，$H=8$ m，$N=0.55$ kW。

f）不锈钢卧式热水承压贮水罐（1台）：

参数：容积 4 m³，SUS304、316 L 不锈钢，配 3 根 6 kW 电加热棒用于加热及贮存热水。

g）不锈钢卧式热水承压贮水罐（1台）：

参数：容积 8 m³，SUS304、316 L 不锈钢，用于贮存热水。

4.2.3.2 系统功能

a）太阳能与空气源热泵组合，能充分利用太阳能产生更多的热水。太阳能作为热水的主要生产设备，空气源热泵作为辅助加热设备。采用二级水箱模式，水箱与水箱之间采用模糊温度控制，使生产水箱产生的热水陆续输送到保温水箱。空气源热泵的启动采用定温、定时精准启动。

b）控制系统采用自动智能化控制，数字显示，集热器、热媒主干管循环控制系统可以根据温差设定自动启停循环泵，储热罐循环控制系统可以根据进出口温差自动控制电磁阀启闭进行储热罐换热，可以根据设定的温度及时间自动开启和关闭辅助电加热。

c）当日照良好时，集热器吸收太阳辐射，加热集热器内部换热管道内的循环介质，介质温度升高。当温度探头T1测得的温度高于设定值（T1≥55℃），且温度高于集热器进口温度T2（T1−T2≥5℃，可调）时，集热器循环水泵开始启动，集热器内的高温介质均匀地输送到立管内。

d）空气源热泵加热受水箱的水温和设定时间的控制。当储热水箱内水温在设定的时间内低于设定温度时，空气源热泵开启加热，直到储热水箱温度达到设定温度时停止。空气源热泵可实现自动与手动智慧式服务。

e）由于太阳能及空气源热泵机组加热过程比较缓慢，为了最大限度地优先利用太阳能资源，本系统的补水方式分为2级：第一级为太阳能水箱的补水，第二级为热泵水箱的补水。太阳能集热水箱补水，采用定量补水方式。热泵水箱的补水，采用定温（太阳能集热水箱水温达到60℃直接送到热泵水箱）补水方式。

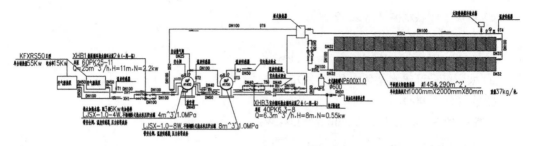

图 4.2-3　太阳能热水系统图

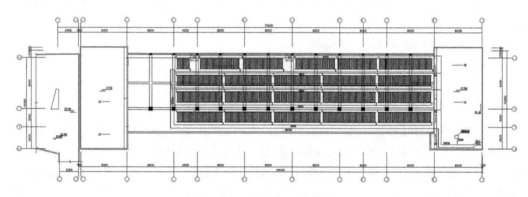

图 4.2-4　屋顶平面布置图

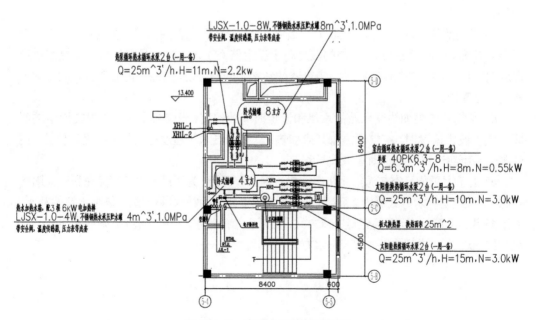

图 4.2-5　夹层太阳能管道平面

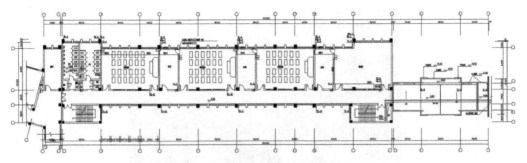

图 4.2-6　三层走廊太阳能循环管道平面图

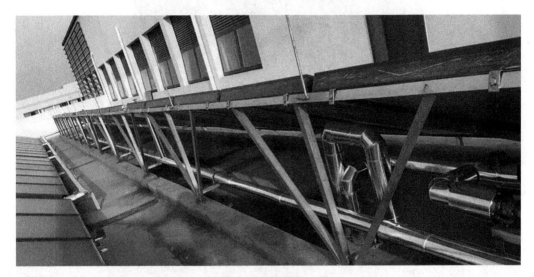

图 4.2-7　管道施工图

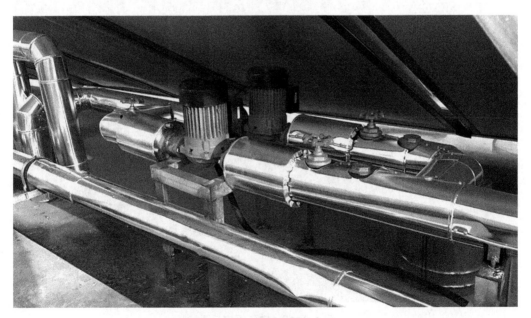

图 4.2-8　设备施工图（1）

图 4.2-9　设备施工图（2）

图 4.2-10　电气柜施工图

第二篇

法律法规政策汇编（节选）

1 中华人民共和国节约能源法

第三十四条 国务院建设主管部门负责全国建筑节能的监督管理工作。

县级以上地方各级人民政府建设主管部门负责本行政区域内建筑节能的监督管理工作。

县级以上地方各级人民政府建设主管部门会同同级管理节能工作的部门编制本行政区域内的建筑节能规划。建筑节能规划应当包括既有建筑节能改造计划。

第三十五条 建筑工程的建设、设计、施工和监理单位应当遵守建筑节能标准。

不符合建筑节能标准的建筑工程，建设主管部门不得批准开工建设；已经开工建设的，应当责令停止施工、限期改正；已经建成的，不得销售或者使用。

建设主管部门应当加强对在建建筑工程执行建筑节能标准情况的监督检查。

第三十六条 房地产开发企业在销售房屋时，应当向购买人明示所售房屋的节能措施、保温工程保修期等信息，在房屋买卖合同、质量保证书和使用说明书中载明，并对其真实性、准确性负责。

第三十七条 使用空调采暖、制冷的公共建筑应当实行室内温度控制制度。具体办法由国务院建设主管部门制定。

第三十八条 国家采取措施，对实行集中供热的建筑分步骤实行供热分户计量、按照用热量收费的制度。新建建筑或者对既有建筑进行节能改造，应当按照规定安装用热计量装置、室内温度调控装置和供热系统调控装置。具体办法由国务院建设主管部门会同国务院有关部门制定。

第三十九条 县级以上地方各级人民政府有关部门应当加强城市节约用电管理，严格控制公用设施和大型建筑物装饰性景观照明的能耗。

第四十条 国家鼓励在新建建筑和既有建筑节能改造中使用新型墙体材料等节能建筑材料和节能设备，安装和使用太阳能等可再生能源利用系统。

第四十七条 公共机构应当厉行节约，杜绝浪费，带头使用节能产品、设备，提高能源利用效率。

本法所称公共机构，是指全部或者部分使用财政性资金的国家机关、事业单位和团体组织。

第四十八条 国务院和县级以上地方各级人民政府管理机关事务工作的机构会同同级有关部门制定和组织实施本级公共机构节能规划。公共机构节能规划应当包括公共机构既有建筑节能改造计划。

第四十九条 公共机构应当制定年度节能目标和实施方案，加强能源消费计量和监测管理，向本级人民政府管理机关事务工作的机构报送上年度的能源消费状况报告。

国务院和县级以上地方各级人民政府管理机关事务工作的机构会同同级有关部门按照管理权限，制定本级公共机构的能源消耗定额，财政部门根据该定额制定能源消耗支出标准。

第五十条 公共机构应当加强本单位用能系统管理，保证用能系统的运行符合国家相关标准。

公共机构应当按照规定进行能源审计，并根据能源审计结果采取提高能源利用效率的措施。

第五十一条 公共机构采购用能产品、设备，应当优先采购列入节能产品、设备政府采购名录中的产品、设备。禁止采购国家明令淘汰的用能产品、设备。

节能产品、设备政府采购名录由省级以上人民政府的政府采购监督管理部门会同同级有关部门制定并公布。

第六十条 中央财政和省级地方财政安排节能专项资金，支持节能技术研究开发、节能技术和产品的示范与推广、重点节能工程的实施、节能宣传培训、信息服务和表彰奖励等。

第六十一条 国家对生产、使用列入本法第五十八条规定的推广目录的需要支持的节能技术、节能产品，实行税收优惠等扶持政策。

国家通过财政补贴支持节能照明器具等节能产品的推广和使用。

第六十二条 国家实行有利于节约能源资源的税收政策，健全能源矿产资源有偿使用制度，促进能源资源的节约及其开采利用水平的提高。

第六十三条 国家运用税收等政策，鼓励先进节能技术、设备的进口，控制在生产过程中耗能高、污染重的产品的出口。

第六十四条 政府采购监督管理部门会同有关部门制定节能产品、设备政府采购名录，应当优先列入取得节能产品认证证书的产品、设备。

第六十五条 国家引导金融机构增加对节能项目的信贷支持，为符合条件的节能技术研究开发、节能产品生产以及节能技术改造等项目提供优惠贷款。

国家推动和引导社会有关方面加大对节能的资金投入，加快节能技术改造。

第六十六条 国家实行有利于节能的价格政策，引导用能单位和个人节能。

国家运用财税、价格等政策，支持推广电力需求侧管理、合同能源管理、节能自愿协议等节能办法。

国家实行峰谷分时电价、季节性电价、可中断负荷电价制度，鼓励电力用户合理调整用电负荷；对钢铁、有色金属、建材、化工和其他主要耗能行业的企业，分淘汰、限制、允许和鼓励类实行差别电价政策。

第六十七条 各级人民政府对在节能管理、节能科学技术研究和推广应用中有显著成绩以及检举严重浪费能源行为的单位和个人，给予表彰和奖励。

2 中华人民共和国可再生能源法

第一条 为了促进可再生能源的开发利用，增加能源供应，改善能源结构，保障能源安全，保护环境，实现经济社会的可持续发展，制定本法。

第二条 本法所称可再生能源，是指风能、太阳能、水能、生物质能、地热能、海洋能等非化石能源。

水力发电对本法的适用，由国务院能源主管部门规定，报国务院批准。

通过低效率炉灶直接燃烧方式利用秸秆、薪柴、粪便等，不适用本法。

第五条 国务院能源主管部门对全国可再生能源的开发利用实施统一管理。国务院有关部门在各自的职责范围内负责有关的可再生能源开发利用管理工作。

县级以上地方人民政府管理能源工作的部门负责本行政区域内可再生能源开发利用的管理工作。县级以上地方人民政府有关部门在各自的职责范围内负责有关的可再生能源开发利用管理工作。

第七条 国务院能源主管部门根据全国能源需求与可再生能源资源实际状况，制定全国可再生能源开发利用中长期总量目标，报国务院批准后执行，并予公布。

国务院能源主管部门根据前款规定的总量目标和省、自治区、直辖市经济发展与可再生能源资源实际状况，会同省、自治区、直辖市人民政府确定各行政区域可再生能源开发利用中长期目标，并予公布。

第八条 国务院能源主管部门会同国务院有关部门，根据全国可再生能源开发利用中长期总量目标和可再生能源技术发展状况，编制全国可再生能源开发利用规划，报国务院批准后实施。

国务院有关部门应当制定有利于促进全国可再生能源开发利用中长期总量目标实现的相关规划。

省、自治区、直辖市人民政府管理能源工作的部门会同本级人民政府有关部门，依据全国可再生能源开发利用规划和本行政区域可再生能源开发利用中长期目标，编制本行政区域可再生能源开发利用规划，经本级人民政府批准后，报国务院能源主管部门和国家电力监管机构备案，并组织实施。

经批准的规划应当公布；但是，国家规定需要保密的内容除外。

经批准的规划需要修改的，须经原批准机关批准。

第九条 编制可再生能源开发利用规划，应当遵循因地制宜、统筹兼顾、合理布局、有序发展的原则,对风能、太阳能、水能、生物质能、地热能、海洋能等可再生能源的开发利用作出统筹安排。规划内容应当包括发展目标、主要任务、区域布局、重点项目、实施进度、配套电网建设、服务体系和保障措施等。

组织编制机关应当征求有关单位、专家和公众的意见,进行科学论证。

第十条 国务院能源主管部门根据全国可再生能源开发利用规划,制定、公布可再生能源产业发展指导目录。

第十一条 国务院标准化行政主管部门应当制定、公布国家可再生能源电力的并网技术标准和其他需要在全国范围内统一技术要求的有关可再生能源技术和产品的国家标准。

对前款规定的国家标准中未作规定的技术要求,国务院有关部门可以制定相关的行业标准,并报国务院标准化行政主管部门备案。

国务院教育行政部门应当将可再生能源知识和技术纳入普通教育、职业教育课程。

第十三条 国家鼓励和支持可再生能源并网发电。

建设可再生能源并网发电项目,应当依照法律和国务院的规定取得行政许可或者报送备案。

建设应当取得行政许可的可再生能源并网发电项目,有多人申请同一项目许可的,应当依法通过招标确定被许可人。

第十四条 国家实行可再生能源发电全额保障性收购制度。

国务院能源主管部门会同国家电力监管机构和国务院财政部门,按照全国可再生能源开发利用规划,确定在规划期内应当达到的可再生能源发电量占全部发电量的比重,制定电网企业优先调度和全额收购可再生能源发电的具体办法,并由国务院能源主管部门会同国家电力监管机构在年度中督促落实。

电网企业应当与按照可再生能源开发利用规划建设,依法取得行政许可或者报送备案的可再生能源发电企业签订并网协议,全额收购其电网覆盖范围内符合并网技术标准的可再生能源并网发电项目的上网电量。发电企业有义务配合电网企业保障电网安全。

电网企业应当加强电网建设,扩大可再生能源电力配置范围,发展和应用智能电网、储能等技术,完善电网运行管理,提高吸纳可再生能源电力的能力,为可再生能源发电提供上网服务。

第十五条 国家扶持在电网未覆盖的地区建设可再生能源独立电力系统,为当地生产和生活提供电力服务。

第十七条 国家鼓励单位和个人安装和使用太阳能热水系统、太阳能供热采暖和制冷系统、太阳能光伏发电系统等太阳能利用系统。

国务院建设行政主管部门会同国务院有关部门制定太阳能利用系统与建筑结合的技术经济政策和技术规范。

房地产开发企业应当根据前款规定的技术规范,在建筑物的设计和施工中,为太阳能利用提供必备条件。

对已建成的建筑物,住户可以在不影响其质量与安全的前提下安装符合技术规范和产品标准的太阳能利用系统;但是,当事人另有约定的除外。

第十八条 国家鼓励和支持农村地区的可再生能源开发利用。

县级以上地方人民政府管理能源工作的部门会同有关部门,根据当地经济社会发展、生态保护和卫生综合治理需要等实际情况，制定农村地区可再生能源发展规划，因地制宜地推广应用沼气等生物质资源转化、户用太阳能、小型风能、小型水能等技术。

县级以上人民政府应当对农村地区的可再生能源利用项目提供财政支持。

第十九条 可再生能源发电项目的上网电价，由国务院价格主管部门根据不同类型可再生能源发电的特点和不同地区的情况，按照有利于促进可再生能源开发利用和经济合理的原则确定，并根据可再生能源开发利用技术的发展适时调整。上网电价应当公布。

依照本法第十三条第三款规定实行招标的可再生能源发电项目的上网电价，按照中标确定的价格执行；但是，不得高于依照前款规定确定的同类可再生能源发电项目的上网电价水平。

第二十条 电网企业依照本法第十九条规定确定的上网电价收购可再生能源电量所发生的费用，高于按照常规能源发电平均上网电价计算所发生费用之间的差额，由在全国范围对销售电量征收可再生能源电价附加补偿。

第二十一条 电网企业为收购可再生能源电量而支付的合理的接网费用以及其他合理的相关费用，可以计入电网企业输电成本，并从销售电价中回收。

第二十二条 国家投资或者补贴建设的公共可再生能源独立电力系统的销售电价，执行同一地区分类销售电价，其合理的运行和管理费用超出销售电价的部分，依照本法第二十条的规定补偿。

第二十三条 进入城市管网的可再生能源热力和燃气的价格，按照有利于促进可再生能源开发利用和经济合理的原则，根据价格管理权限确定。

第二十四条 国家财政设立可再生能源发展基金，资金来源包括国家财政年度安排的专项资金和依法征收的可再生能源电价附加收入等。

可再生能源发展基金用于补偿本法第二十条、第二十二条规定的差额费用，并用于支持以下事项：

（一）可再生能源开发利用的科学技术研究、标准制定和示范工程；

（二）农村、牧区的可再生能源利用项目；

（三）偏远地区和海岛可再生能源独立电力系统建设；

（四）可再生能源的资源勘查、评价和相关信息系统建设；

（五）促进可再生能源开发利用设备的本地化生产。

本法第二十一条规定的接网费用以及其他相关费用，电网企业不能通过销售电价回收的，可以申请可再生能源发展基金补助。

可再生能源发展基金征收使用管理的具体办法，由国务院财政部门会同国务院能源、价格主管部门制定。

第二十五条 对列入国家可再生能源产业发展指导目录、符合信贷条件的可再生能源开发利用项目，金融机构可以提供有财政贴息的优惠贷款。

第二十六条 国家对列入可再生能源产业发展指导目录的项目给予税收优惠。具体办法由国务院规定。

第二十七条 电力企业应当真实、完整地记载和保存可再生能源发电的有关资料，并接受电力监管机构的检查和监督。

电力监管机构进行检查时，应当依照规定的程序进行，并为被检查单位保守商业秘密和其他秘密。

第三十二条 本法中下列用语的含义：

（一）生物质能，是指利用自然界的植物、粪便以及城乡有机废物转化成的能源。

（二）可再生能源独立电力系统，是指不与电网连接的单独运行的可再生能源电力系统。

（三）能源作物，是指经专门种植，用以提供能源原料的草本和木本植物。

（四）生物液体燃料，是指利用生物质资源生产的甲醇、乙醇和生物柴油等液体燃料。

第三十三条 本法自 2006 年 1 月 1 日起施行。

3 民用建筑节能条例

第一条　为了加强民用建筑节能管理，降低民用建筑使用过程中的能源消耗，提高能源利用效率，制定本条例。

第二条　本条例所称民用建筑节能，是指在保证民用建筑使用功能和室内热环境质量的前提下，降低其使用过程中能源消耗的活动。

本条例所称民用建筑，是指居住建筑、国家机关办公建筑和商业、服务业、教育、卫生等其他公共建筑。

第四条　国家鼓励和扶持在新建建筑和既有建筑节能改造中采用太阳能、地热能等可再生能源。

在具备太阳能利用条件的地区，有关地方人民政府及其部门应当采取有效措施，鼓励和扶持单位、个人安装使用太阳能热水系统、照明系统、供热系统、采暖制冷系统等太阳能利用系统。

第八条　县级以上人民政府应当安排民用建筑节能资金，用于支持民用建筑节能的科学技术研究和标准制定、既有建筑围护结构和供热系统的节能改造、可再生能源的应用，以及民用建筑节能示范工程、节能项目的推广。

政府引导金融机构对既有建筑节能改造、可再生能源的应用，以及民用建筑节能示范工程等项目提供支持。

民用建筑节能项目依法享受税收优惠。

第二十条　对具备可再生能源利用条件的建筑，建设单位应当选择合适的可再生能源，用于采暖、制冷、照明和热水供应等；设计单位应当按照有关可再生能源利用的标准进行设计。

建设可再生能源利用设施，应当与建筑主体工程同步设计、同步施工、同步验收。

4 建筑节能与绿色建筑发展"十三五"规划

本规划根据《国民经济和社会发展第十三个五年规划纲要》《住房城乡建设事业"十三五"规划纲要》制定，是指导"十三五"时期我国建筑节能与绿色建筑事业发展的全局性、综合性规划。

具体目标是：到 2020 年，城镇新建建筑能效水平比 2015 年提升 20%，部分地区及建筑门窗等关键部位建筑节能标准达到或接近国际现阶段先进水平。城镇新建建筑中绿色建筑面积比重超过 50%，绿色建材应用比重超过 40%。完成既有居住建筑节能改造面积 5 亿平方米以上，公共建筑节能改造 1 亿平方米，全国城镇既有居住建筑中节能建筑所占比例超过 60%。城镇可再生能源替代民用建筑常规能源消耗比重超过 6%。经济发达地区及重点发展区域农村建筑节能取得突破，采用节能措施比例超过 10%。

专栏 2 "十三五"时期建筑节能和绿色建筑主要发展指标

指 标	2015	2020	年均增速［累计］	性 质
城镇新建建筑能效提升（%）	—	—	［20］	约束性
城镇绿色建筑占新建建筑比重（%）	20	50	［30］	约束性
城镇新建建筑中绿色建材应用比例（%）	—	—	［40］	预期性
实施既有居住建筑节能改造（亿平方米）	—	—	［5］	约束性
公共建筑节能改造面积（亿平方米）	—	—	［1］	约束性
北方城镇居住建筑单位面积平均采暖能耗强度下降比例（%）	—	—	［−15］	预期性
城镇既有公共建筑能耗强度下降比例（%）	—	—	［−5］	预期性
城镇建筑中可再生能源替代率（%）	4	6▲	［2］	预期性
城镇既有居住建筑中节能建筑所占比例（%）	40	60▲	［20］	预期值
经济发达地区及重点发展区域农村居住建筑采用节能措施比例（%）	—	10▲	［10］	预期值

注：①加黑的指标为国务院节能减排综合工作方案、国家新型城镇化发展规划（2014—2020 年）、中央城市工作会议提出的指标。②加注 ▲ 号的为预测值。③［］内为 5 年累计值。

（四）深入推进可再生能源建筑应用。

扩大可再生能源建筑应用规模。引导各地做好可再生能源资源条件勘察和建筑利用条件调查，编制可再生能源建筑应用规划。研究建立新建建筑工程可再生能源应用专项论证制度。加大太阳能光热系统在城市中低层住宅及酒店、学校等有稳定热水需求的公共建筑中的推广力度。实施可再生能源清洁供暖工程，利用太阳能、空气热能、地热能等解决建筑供暖需求。在末端用能负荷满足要求的情况下，因地制宜建设区域可再生能源站。鼓励在具备条件的建筑工程中应用太阳能光伏系统。做好"余热暖民"工程。积极拓展可再生能源在建筑领域的应用形式，推广高效空气源热泵技术及产品。在城市燃气未覆盖和污水厂周边地区，推广采用污水厂污泥制备沼气技术。

提升可再生能源建筑应用质量。做好可再生能源建筑应用示范实践总结及后评估，对典型示范案例实施运行效果评价，总结项目实施经验，指导可再生能源建筑应用实践。强化可再生能源建筑应用运行管理，积极利用特许经营、能源托管等市场化模式，对项目实施专业化运行，确保项目稳定、高效。加强可再生能源建筑应用关键设备、产品质量管理。加强基础能力建设，建立健全可再生能源建筑应用标准体系，加快设计、施工、运行和维护阶段的技术标准制定和修订，加大从业人员的培训力度。

专栏6　可再生能源建筑应用重点工程

太阳能光热建筑应用。结合太阳能资源禀赋情况，在学校、医院、幼儿园、养老院以及其他有公共热水需求的场所和条件适宜的居住建筑中，加快推广太阳能热水系统。积极探索太阳能光热采暖应用。全国城镇新增太阳能光热建筑应用面积20亿平方米以上。
太阳能光伏建筑应用。在建筑屋面和条件适宜的建筑外墙，建设太阳能光伏设施，鼓励小区级、街区级统筹布置，"共同产出、共同使用"。鼓励专业建设和运营公司，投资和运行太阳能光伏建筑系统，提高运行管理，建立共赢模式，确保装置长期有效运行。全国城镇新增太阳能光电建筑应用装机容量1000万千瓦以上。
浅层地热能建筑应用。因地制宜推广使用各类热泵系统，满足建筑采暖制冷及生活热水需求。提高浅层地能设计和运营水平，充分考虑应用资源条件和浅层地能应用的冬夏平衡，合理匹配机组。鼓励以能源托管或合同能源管理等方式管理运营能源站，提高运行效率。全国城镇新增浅层地热能建筑应用面积2亿平方米以上。
空气热能建筑应用。在条件适宜地区积极推广空气热能建筑应用。建立空气源热泵系统评价机制，引导空气源热泵企业加强研发，解决设备产品噪音、结霜除霜、低温运行低效等问题。

（五）积极推进农村建筑节能。

积极引导节能绿色农房建设。鼓励农村新建、改建和扩建的居住建筑按《农村居住建筑节能设计标准》（GB/T50824）、《绿色农房建设导则》（试行）等进行设计和建造。鼓励政府投资的农村公共建筑、各类示范村镇农房建设项目率先执行节能及绿色建设标准、导则。紧密结合农村实际，总结出符合地域及气候特点、经济发展水平、保持传统文化特色的乡土绿色节能技术，编制技术导则、设计图集及工法等，积极开展试点示范。在有条件的农村地区推广轻型钢结构、现代木结构、现代夯土结构等新型房屋。结合农村危房改造稳步推进农房节能改造。加强农村建筑工匠技能培训，提高农房节能设计和建造能力。

积极推进农村建筑用能结构调整。积极研究适应农村资源条件、建筑特点的用能体系，引导农村建筑用能清洁化、无煤化进程。积极采用太阳能、生物质能、空气热能等可再生能源解决农房采暖、炊事、生活热水等用能需求。在经济发达地区、大气污染防治任务较重地区农村，结合"煤改电"工作，大力推广可再生能源采暖。

专栏 7 建筑节能与绿色建筑部分标准编制计划

建筑节能标准。研究编制建筑节能与可再生能源利用全文强制性技术规范；逐步修订现行建筑节能设计、节能改造系列标准；制（修）订《建筑节能工程施工质量验收规范》《温和地区居住建筑节能设计标准》《近零能耗建筑技术标准》。

绿色建筑标准。逐步修订现行绿色建筑评价系列标准；制（修）订《绿色校园评价标准》《绿色生态城区评价标准》《绿色建筑运行维护技术规范》《既有社区绿色化改造技术规程》《民用建筑绿色性能计算规程》。

可再生能源及分布式能源建筑应用标准。逐步修订现行太阳能、地源热泵系统工程相关技术规范；制（修）订《民用建筑太阳能热水系统应用技术规范》《太阳能供热采暖工程技术规范》《民用建筑太阳能光伏系统应用技术规范》。

专栏 8 建筑节能与绿色建筑技术方向

建筑节能与绿色建筑重点技术方向。超低能耗及近零能耗建筑技术体系及关键技术研究；既有建筑综合性能检测、诊断与评价，既有建筑节能宜居及绿色化改造、调适、运行维护等综合技术体系研究；绿色建筑精细化设计、绿色施工与装备、调适、运营优化、建筑室内健康环境控制与保障、绿色建筑后评估等关键技术研究；城市、城区、社区、住区、街区等区域节能绿色发展技术路线、绿色生态城区（街区）规划、设计理论方法与优化、城区（街区）功能提升与绿色化改造、可再生能源建筑应用、分布式能源高效应用、区域能源供需耦合等关键技术研究、太阳能光伏直驱空调技术研究；农村建筑、传统民居绿色建筑建设及改造、被动式节能应用技术体系、农村建筑能源综合利用模式、可再生能源利用方式等适宜技术研究。

专栏 9 建筑节能与绿色建筑产业发展

新型建筑节能与绿色建筑材料及产品。积极开发保温、隔热及防火性能良好、施工便利、使用寿命长的外墙保温材料和保温体系、适应超低能耗、近零能耗建筑发展需求的新型保温材料及结构体系，开发高效节能门窗、高性能功能性装饰装修功能一体化技术及产品；高性能混凝土、高强钢等建材推广；高效建筑用空调制冷、采暖、通风、可再生能源应用等领域设备开发及推广。

5 公共机构节能条例

第一条 为了推动公共机构节能,提高公共机构能源利用效率,发挥公共机构在全社会节能中的表率作用,根据《中华人民共和国节约能源法》,制定本条例。

第二条 本条例所称公共机构,是指全部或者部分使用财政性资金的国家机关、事业单位和团体组织。

第十条 国务院和县级以上地方各级人民政府管理机关事务工作的机构应当会同同级有关部门,根据本级人民政府节能中长期专项规划,制定本级公共机构节能规划。

县级公共机构节能规划应当包括所辖乡(镇)公共机构节能的内容。

第十一条 公共机构节能规划应当包括指导思想和原则、用能现状和问题、节能目标和指标、节能重点环节、实施主体、保障措施等方面的内容。

第十二条 国务院和县级以上地方各级人民政府管理机关事务工作的机构应当将公共机构节能规划确定的节能目标和指标,按年度分解落实到本级公共机构。

第十三条 公共机构应当结合本单位用能特点和上一年度用能状况,制定年度节能目标和实施方案,有针对性地采取节能管理或者节能改造措施,保证节能目标的完成。

公共机构应当将年度节能目标和实施方案报本级人民政府管理机关事务工作的机构备案。

6 浙江省可再生能源开发利用促进条例

第一条 为了促进可再生能源的开发利用，增加能源供应，改善能源结构，保障能源安全，保护环境，实现经济社会的可持续发展，根据《中华人民共和国可再生能源法》和其他有关法律、行政法规的规定，结合本省实际，制定本条例。

第二条 在本省行政区域内从事可再生能源的开发利用及其管理等相关活动，适用本条例。

本条例所称可再生能源，是指风能、太阳能、水能、生物质能、地热能、海洋能、空气能等非化石能源。

第三条 开发利用可再生能源，应当遵循因地制宜、多能互补、综合利用、节约与开发并举的原则，注重保护生态环境。禁止对可再生能源进行破坏性开发利用。

第四条 县级以上人民政府应当加强对可再生能源开发利用工作的领导，将可再生能源开发利用纳入本行政区域国民经济和社会发展规划，采取有效措施，推动可再生能源的开发利用。

第五条 省发展和改革（能源）主管部门和设区的市、县（市、区）人民政府确定的部门（以下统称可再生能源综合管理部门）负责本行政区域内可再生能源开发利用的综合管理工作。

县级以上人民政府有关部门和机构在各自职责范围内负责可再生能源开发利用的相关管理工作。

乡镇人民政府、街道办事处应当配合做好可再生能源开发利用的管理工作。

第六条 县级以上人民政府及其有关部门应当加强对可再生能源开发利用的宣传和教育，普及可再生能源应用知识。

新闻媒体应当加强对可再生能源开发利用的宣传报道，发挥舆论引导作用。

第七条 县级以上人民政府可再生能源综合管理部门应当会同有关部门和机构，按照国家有关技术规范和要求，对本行政区域内可再生能源资源进行调查。

有关部门和机构应当提供可再生能源资源调查所需的资料与信息。

可再生能源资源的调查结果应当公布。但是，国家规定需要保密的内容除外。

第八条 县级以上人民政府可再生能源综合管理部门应当会同有关部门和机构，根据其上一级可再生能源开发利用规划，结合当地实际，组织编制本行政区域可再生能源开发利用规划，报本级人民政府批准后实施，并报上一级可再生能源综合管理部门备案；其中省可再生能源开发利用规划，应当报国家能源主管部门和电力监管机构备案。

可再生能源开发利用规划的内容应当包括可再生能源种类、发展目标、区域布局、重点项目、实施进度、配套电网建设、服务体系和保障措施等。

第九条 编制可再生能源开发利用规划，应当遵循因地制宜、统筹兼顾、合理布局、有序发展的原则，并与土地利用总体规划、城乡规划、生态环境功能区规划、海洋功能区划相衔接。

编制可再生能源开发利用规划，应当依法进行规划环境影响评价和气候可行性论证，并征求有关单位、专家和公众的意见。

县级以上人民政府可再生能源综合管理部门和有关部门、机构应当依法公布经批准的可再生能源开发利用规划及其执行情况，为公众提供咨询服务。

第十条 可再生能源综合管理部门和城乡规划、国土资源、海洋等部门在履行项目审批、选址审批、用地或者用海审核等职责时，不得将可再生能源开发利用规划确定的可再生能源项目建设场址用于其他项目建设。

第十一条 县级以上人民政府可再生能源综合管理部门依法履行可再生能源投资建设项目的批准、核准或者备案以及其他相关监督管理职责，并对依法需经国家批准或者核准的投资建设项目提出审查意见。

第十二条 省建设主管部门根据本省气候特征和工程建设标准依法制定太阳能、浅层地热能、空气能等可再生能源建筑利用的地方标准。

省标准化主管部门会同省有关部门依法制定除前款规定以外的可再生能源开发利用的地方标准。

第十三条 县级以上人民政府水行政主管部门依法履行水能资源开发利用的指导和监督管理职责。

第十四条 县级以上人民政府建设主管部门依法履行可再生能源建筑利用的指导和监督管理职责。

第十五条 县级以上人民政府国土资源主管部门依法履行地热能开发利用的指导和监督管理职责。

第十六条 县级以上人民政府农村能源管理部门依法履行沼气利用的指导和监督管理职责。

第十七条 县级以上人民政府经济和信息化主管部门依法履行对可再生能源设备制造产业发展和相关项目技术改造的指导和监督管理职责。

第十八条 县级以上人民政府商务主管部门应当做好生物液体燃料销售和推广应用的组织和指导工作，监督石油销售企业按照规定销售生物液体燃料。

第十九条 县级以上人民政府科技主管部门应当将可再生能源开发利用的科学技术研究和产业发展纳入科技发展规划和高新技术产业发展规划，并将其列为科技发展与高新技术产业发展的优先领域予以重点支持。

第二十条 县级以上人民政府统计主管部门应当会同同级可再生能源综合管理部门和其他有关部门、机构，根据国家和省规定建立健全可再生能源统计制度，完善可再生能源统计指标体系和统计方法，确保可再生能源统计数据真实、完整、准确。

第二十一条 电力监管机构应当督促电网企业按照规定全额收购其电网覆盖范围内的

可再生能源发电项目的上网电量,提供便捷、经济的上网服务,降低接网成本。

第二十三条 鼓励在开发区（园区）、产业集聚区、高教园区以及其他用能负荷集中区域发展可再生能源分布式发电系统。

第二十六条 可再生能源发电项目应当依据国家和行业标准安装电能计量装置并规范使用,为统计和落实有关扶持政策提供依据。

第二十七条 新建民用建筑应当按照《浙江省实施〈中华人民共和国节约能源法〉办法》的规定利用可再生能源。

鼓励已建民用建筑推广应用可再生能源。

第二十八条 鼓励畜禽养殖场、畜禽屠宰场、酿造厂等采用沼气技术开发利用畜禽粪便以及其他废弃物的生物质能,改善农业和农村生态环境。

第二十九条 鼓励采用清洁环保的先进发电技术开发利用城乡生活垃圾的生物质能。

第三十一条 利用能源作物、餐厨废弃物等生产的生物液体燃料,符合国家标准的,石油销售企业应当将其纳入燃料销售体系,按照国家和省核定的价格全额收购并及时、足额结算款项。

第三十二条 设区的市、县（市）行政区域内可再生能源的开发利用量,超过上级人民政府核定的部分,按照规定不计入该行政区域的能源消费总量考核控制指标。

第三十三条 建设光伏或者光热发电项目利用太阳能的,可以向县级以上人民政府可再生能源综合管理部门或者建设主管部门申请项目建设资金补助。可再生能源综合管理部门或者建设主管部门应当按照国家和本省规定给予补助。

第三十四条 民用建筑以非发电方式利用太阳能、浅层地热能、空气能的,可以向县级以上人民政府建设主管部门申请项目建设资金补助。建设主管部门应当会同财政部门在建筑节能专项资金中按照国家和本省规定给予补助。

第三十五条 利用沼气技术进行生物质能利用的,可以向县级以上人民政府农村能源管理部门申请项目建设资金补助。农村能源管理部门应当会同财政部门按照国家和本省规定给予补助。

第三十七条 县级以上人民政府应当根据财力状况,安排专项资金用于可再生能源发展的下列事项:

（一）可再生能源开发利用的科学研究、技术开发和标准制定;

（二）可再生能源的资源勘查和相关信息系统建设;

（三）可再生能源开发利用示范工程建设或者设施设备购置补贴;

（四）可再生能源分布式发电系统、独立电力系统建设;

（五）可再生能源发电项目的电价补贴;

（六）利用餐厨废弃物生产的生物液体燃料的收购价格补贴;

（七）可再生能源开发利用项目贷款贴息;

（八）可再生能源开发利用服务体系建设;

（九）可再生能源开发利用的其他事项。

可再生能源发展专项资金的使用和监督管理办法,由县级以上人民政府财政和可再生能源综合管理部门会同有关部门制定。

第三十八条 金融机构应当依据可再生能源开发利用项目投资的特点,制定促进可再生能源发展的金融信贷政策,提供支持可再生能源开发利用的金融产品;对列入国家可再生能源产业发展指导目录、符合信贷条件的可再生能源开发利用项目,应当优先提供信贷支持。

第三十九条 对列入国家和省可再生能源产业发展指导目录的可再生能源开发利用项目,按照国家和省规定享受有关优惠待遇。

第四十二条 本条例下列用语的含义:

(一)生物质能,是指利用自然界的植物、粪便以及城乡有机废物转化成的能源。

(二)生物液体燃料,是指利用生物质资源生产的甲醇、乙醇和生物柴油等液体燃料。

(三)可再生能源发电,是指水力发电、风力发电、生物质能发电、太阳能发电、海洋能发电和地热能发电。其中,生物质能发电包括农林废弃物直接燃烧发电、农林废弃物气化发电、垃圾焚烧发电、垃圾填埋气发电、沼气发电。

(四)可再生能源独立电力系统,是指不与电网连接的单独运行的可再生能源电力系统。

(五)分布式发电系统,是指发电规模小、分布广、位于用电负荷附近,电能可以就地消纳,符合能源高效、环保利用等国家产业政策要求,并可接入中低压配电网的可再生能源发电、资源综合利用发电以及其他具备节能减排发电特性的系统。

7 浙江省绿色建筑条例

第一条 为了推进绿色建筑发展,促进资源节约利用,改善人居环境,根据《中华人民共和国建筑法》《中华人民共和国节约能源法》《民用建筑节能条例》和有关法律、行政法规,结合本省实际,制定本条例。

第二条 在本省行政区域内从事与绿色建筑相关的规划、建设、运营、改造等活动,以及对绿色建筑活动的监督管理和引导激励,适用本条例。本条例所称绿色建筑,是指在建筑全寿命周期内,符合节能、节水、节地、节材和减少污染、保护环境要求,为人们提供健康、适用和高效的使用空间,与自然和谐共生的民用建筑。本条例所称民用建筑,是指居住建筑、国家机关办公建筑和用于商业、服务业、教育、卫生等其他用途的公共建筑(包括工业用地范围内用于办公、生活服务等用途的建筑)。

第二十七条 民用建筑的建设应当推广应用自然通风、自然采光、雨水利用、余热利用、白蚁生态防治和太阳能、浅层地热能、空气能利用等先进、适用技术。

第三十一条 新建居住建筑(农民自建住宅除外)和国家机关办公建筑、政府投资或者以政府投资为主以及总建筑面积一万平方米以上的其他公共建筑,应当按照国家和省有关标准利用可再生能源。可再生能源利用设施应当与建筑主体一体化设计,同步施工、同步验收。

新建民用建筑安装太阳能光热系统或者分布式光伏发电系统的,集热器、光伏板应当与建筑外观、形态相协调。

民用建筑附属停车场应当按照国家和省有关规定配建电动汽车充电设施。

第三十八条 建设、购买、运营绿色建筑实行下列扶持政策:

(一)因采用墙体保温技术增加的建筑面积不计入容积率核算和不动产登记的建筑面积;

(二)利用太阳能、浅层地热能、空气能的,建设单位可以按照国家和省有关规定申请项目资金补助;

(三)居住建筑采用地源热泵技术供暖制冷的,供暖制冷系统用电可以执行居民峰谷分时电价;

(四)使用住房公积金贷款购买二星级以上绿色建筑的,公积金贷款额度最高可以上浮百分之二十,具体比例由设区的市住房公积金管理部门确定。

商品住房采用预售方式销售的,前款第四项规定的绿色建筑等级以节能审查意见为依据确定。

第三十九条 鼓励国家机关、学校、医院、大型商场、交通站场等单位在其建筑屋面安装分布式光伏发电系统。核算公共建筑能耗时，该建筑自身光伏发电量可以抵扣其建筑能耗量。

8 浙江省民用建筑项目
节能评估和审查管理办法

第一条 为了推进我省绿色建筑发展，促进能源资源节约利用，改善人居环境，根据《中华人民共和国节约能源法》、《中华人民共和国循环经济促进法》、《民用建筑节能条例》、《浙江省实施〈中华人民共和国节约能源法〉办法》和《浙江省绿色建筑条例》等有关法律、法规规定，制定本办法。

第八条 民用建筑项目节能评估文件应当包括以下内容：

（一）项目概况和评估依据；

（二）项目所在地能源供应条件及项目对所在地能源供应情况的影响；

（三）建筑围护结构保温隔热遮阳系统设计评估；

（四）建筑暖通空调用能设备和控制系统设计评估；

（五）建筑电气系统和分项计量及数据采集传输装置设计评估；

（六）建筑给排水系统用能和节水设计评估；

（七）新型建筑工业化技术和绿色建材应用等节材设计评估；

（八）地下空间开发利用等节地设计评估；

（九）可再生能源等新能源建筑应用设计评估；

（十）建筑风、光、热、声环境设计和低影响开发设计评估；

（十一）建筑能源消耗、能源结构分析和节能措施建议；

（十二）绿色建筑预评价；

（十三）评估前后分项对比及评估结论。

9 浙江省建筑节能管理办法

第一条 为了加强建筑节能管理，降低建筑物能耗，提高能源利用效率，促进经济社会可持续发展，根据《中华人民共和国节约能源法》、《中华人民共和国建筑法》、《建设工程勘察设计管理条例》和《建设工程质量管理条例》等有关法律、法规，结合本省实际，制定本办法。

第七条 新建、改建、扩建建筑工程的节能设计和既有建筑的节能改造工程，应当尽可能利用太阳能、地热能等可再生能源。其中，新建12层以下的建筑，应当将太阳能利用与建筑进行一体化设计。

第二十八条 县级以上人民政府应当通过安排专项资金和提供财政贴息等方式，支持建筑节能技术和产品的研究与开发以及建筑节能宣传、教育和培训，扶持既有建筑节能改造、建筑节能示范工程建设、可再生能源建筑应用的研究与开发等。

各级人民政府用于扶持企业发展和技术创新的各项资金，应当安排一定比例用于前款所列的事项。

10 浙江省实施《公共机构节能条例》办法

第十一条 县级以上人民政府负责审批或者核准固定资产投资项目的部门,应当严格控制公共机构建设项目的建设规模和标准,统筹兼顾节能投资和效益。

公共机构新建建筑和既有建筑维修改造,应当严格执行国家和省有关建筑节能设计、施工、调试、竣工验收等方面的规定和标准。县级以上人民政府住房和城乡建设部门应当加强对公共机构新建建筑和既有建筑维修改造的节能审查,在组织有关部门和专家进行节能评审时,应当有机关事务管理部门代表参与。

县级以上人民政府机关事务管理部门应当会同同级有关部门,对本级公共机构既有建筑的建设年代、结构形式、用能系统、能源消耗等进行调查统计和分析,制订既有建筑节能改造计划,并组织实施。

公共机构实施既有建筑节能改造,应当优先采用遮阳、改善通风等低成本改造措施,优先采用节能效果显著的新材料、新产品、新技术和新工艺。鼓励利用太阳能等可再生能源。

11 浙江省可再生能源发展专项资金管理办法

第一条 为促进全省可再生能源开发利用,充分发挥可再生能源发展专项资金的导向作用,加强和规范资金管理,提高资金使用效益,根据《浙江省可再生能源开发利用促进条例》和《浙江省人民政府办公厅关于进一步加强省级财政专项资金管理工作的通知》(浙政办函〔2014〕66号)等有关规定,制定本办法。

第二条 可再生能源发展专项资金(以下简称专项资金)是由省财政预算安排,专门用于支持可再生能源开发利用的专项补助资金。专项资金实施滚动预算,以三年为一个周期,期满后视绩效评价结果决定继续安排、取消或调整使用方向。

第三条 专项资金的安排坚持"突出重点、统筹兼顾、公开透明、绩效优先"的原则,采用竞争性分配方式,集中财力扶持一批技术先进、效益优良的清洁能源示范县(市、区)和新能源示范城镇。

第四条 省能源局会同省财政厅负责组织编制专项资金年度竞争性分配实施方案,组织专项资金竞争性评审,确定专项资金分配方案。

省能源局负责对清洁能源示范县(市、区)和新能源示范城镇建设进行监督检查,并开展绩效评价工作,将评价结果及专项资金使用情况予以公示。

省财政厅负责专项资金管理,会同省能源局审核并下达资金,对专项资金使用情况进行监督检查。

各市、县(市、区)发改(能源)部门会同同级财政部门负责本地区专项资金申请和使用管理监督工作。

第五条 专项资金扶持对象

专项资金用于扶持在竞争性评审中中标的清洁能源示范县(市、区)和新能源示范城镇的可再生能源开发利用。

清洁能源示范县(市、区)是指可再生能源消费基础条件较好,资源开发潜力较大,应用技术先进的县(市、区);新能源示范城镇是指可再生能源开发利用基础较好,农村可再生能源消费比例较高的行政镇。

第六条 专项资金支持范围

(一)可再生能源开发利用建设项目;

(二)可再生能源开发利用的科学研究、技术开发和标准制定;

(三)可再生能源的资源勘查和相关信息系统建设;

（四）餐厨废弃物生产的生物液体燃料利用；

（五）可再生能源开发利用服务体系建设；

（六）可再生能源开发利用的其他事项。

第七条 专项资金分配方式

专项资金实行竞争性分配，以县（市、区）政府为主体进行招投标。对前期工作充分，具有示范效应的地区优先安排。

第八条 专项资金分配标准

对中标的清洁能源示范县（市、区）和新能源示范城镇，综合专项资金年度预算规模和各地实施方案建设项目的开发规模、投资额等因素切块给予县（市、区）补助，并实行总量控制。单个示范县（市、区）补助金额一般不超过 1800 万元，单个示范城镇补助金额一般不超过 600 万元。

第九条 标的发布

根据全省可再生能源发展规划和各地清洁能源示范县（市、区）、新能源示范城镇建设情况，省能源局会同省财政厅负责组织编制和下发年度专项资金竞争性分配实施方案，并在各自门户网站公开发布专项资金招标公告。

第十条 专项资金申报

参与竞争的示范县（市、区）、示范城镇，由县（市、区）发改（能源）和财政部门按照年度专项资金竞争性分配实施方案的要求，联合向省能源局、省财政厅报送示范区实施方案、重点建设项目清单、综合绩效目标、专项资金管理办法和资金申请等资料，并由各设区市发改（能源）和财政部门共同推荐本行政区内参加竞争的示范县（市、区）、示范城镇。

第十一条 评标

由省能源局会同省财政厅组织专家进行评审。根据年度专项资金竞争性分配实施方案确定的评标办法分别对清洁能源示范县（市、区）和新能源示范城镇进行综合打分排序，确定评标结果。评审期间，邀请监督部门的有关同志对评标活动实施监督。

第十二条 公示

评标结果在省能源局和省财政厅门户网站上公示 7 天。

第十三条 确定分配结果

公示无异议后，省能源局会同省财政厅审核确定专项资金分配方案。

12 浙江省住房和城乡建设厅
关于印发《浙江省可再生能源建筑一体化应用试点示范工作实施方案》的通知

建设发〔2015〕335号

经过近一年的试点示范建设,通过双"2+X"示范模式,积极探索建立符合我省实际且具有推广价值的可再生能源建筑推广应用机制,进一步完善我省可再生能源特别是太阳能建筑一体化应用政策机制、标准体系和产业支撑,形成一批可借鉴、可复制、可推广的可再生能源建筑一体化应用示范工程,以点带面,推动我省可再生能源特别是太阳能建筑一体化应用工作,确保可再生能源利用与建筑相协调,改善城乡环境面貌。

实施双"2+X"示范模式,在示范项目上,杭州市西湖区和丽水市缙云县实施多类型综合示范,全省其他地市实施单类型示范;在示范技术类型上,以改进平屋面和坡屋面建筑太阳能光热应用方式为重点,兼顾其他各种可再生能源建筑应用技术。新建建筑和既有建筑分开试点,城市和农村同步示范。

为推进可再生能源建筑一体化应用工作,确保可再生能源特别是太阳能利用与建筑相协调,提升可再生能源建筑综合利用水平,积极推广效能高、性价比高且易实现建筑一体化的可再生能源建筑应用技术,替代传统的与建筑不协调的可再生能源建筑应用技术及产品,实现可再生能源建筑应用的技术升级,重点是大力推广空气源热泵热水技术、太阳能集热器与水箱分离式太阳能光热技术和地源(水源)热泵技术。

(一)完善标准体系。以实施试点示范工作为契机,修订现行太阳能光热建筑一体化应用相关标准,完善标准体系。重点放在城市地区新建建筑,按照修订后的标准,城市新建建筑采用平屋顶的,需采取相应措施加强太阳能利用装置的隐蔽性;采用坡屋顶的,倡导利用空气能热泵热水系统,确需安装太阳能热水器的,强制要求太阳能集热器与水箱相分离,保证太阳能利用装置与建筑相协调,真正实现太阳能建筑一体化。对于农村地区,组织制订太阳能建筑应用一体化应用技术导则和图集,引导农民逐渐减少直至淘汰使用整体式太阳能热水器,切实落实太阳能利用与建筑一体化的要求。

(二)健全监管制度。在试点示范实施过程中,按照新建、既有和批而未建的建筑项目,遵循强制、改造及引导的工作思路分类推进,进一步健全可再生能源建筑应用监管机制,大力推进可再生能源建筑一体化工作。对新建建筑,在城市地区通过实施新标准,并积极发挥施工图审查机构和质量监督机构的监管作用,强制推进空气能热泵热水器或分离式太阳能热水器;在农村地区,通过制订技术导则和标准图集,引导逐步淘汰使用非一体化产品。

对既有建筑，在城市地区制定改造计划，对于不协调的整体式太阳能热水器装置实施建筑一体化改造；在农村地区，督促乡镇（街道）积极引导村民逐步改造不协调的整体式太阳能热水器装置。特别要将既有造成视觉污染的屋顶太阳能设施整治作为各地"三改一拆"和"美丽宜居示范村"建设的重要内容，积极稳妥地推进交通干线沿线和古村落有碍视觉景观的屋顶太阳能光热设施的整治工作。对通过审批而未建的建筑，鼓励业主积极创造条件实施空气能热泵热水系统或分离式太阳能热水系统。

（三）培育配套产业。我厅将积极争取"十三五"省科技重大科研项目，加强科技攻关，提升太阳能产品建筑一体化的技术水平。通过试点示范工作，积极组织科研机构和生产企业研发兼顾能效和建筑景观要求的太阳能光热新产品和空气源热泵热水新产品，提高产品技术含量和竞争力，营造良好的市场氛围。在此基础上确定一批太阳能建筑一体化应用产品推广目录，解决配套产品单一的问题，培育出适应发展要求的可再生能源建筑应用配套产业，并推动其产业化、规模化发展。

（四）探索政策支持。通过试点示范，积极探索我省可再生能源建筑一体化应用模式，并组织制定可再生能源建筑应用指导意见下发实施。

（五）总结推广。我厅将在各地开展可再生能源建筑一体化应用试点示范工作的基础上，不断总结完善，并在下半年以省政府名义适时召开现场会，推广试点示范经验和可再生能源建筑应用方式。

13 关于进一步加强
可再生能源建筑一体化应用工作的通知

浙建〔2016〕1号

二、进一步明确可再生能源建筑一体化应用要求

新建民用建筑应当严格按照国家和省有关法律法规要求，实施可再生能源建筑一体化应用，其应用规模应当符合我省工程建设标准《民用建筑可再生能源应用核算标准》（DB 33/1105—2014）的规定。新建民用建筑可以根据工程建设实际需要选择太阳能光伏、太阳能光热、空气能热泵热水、浅层地源热泵等可再生能源建筑应用技术。

可再生能源建筑应用设施设备应当与建筑主体进行一体化设计，并与建筑主体外观、形态保持协调美观。可再生能源建筑应用设施设备设置在平屋面的，应当利用女儿墙等建筑构件进行适当围挡；可再生能源建筑应用设施设备设置在坡屋面的，水箱等无接受太阳辐射要求的设施设备应当隐藏设置，集热器和光伏板应当与坡屋面进行一体化设置。各类可再生能源建筑应用系统的设计和施工应当符合相关工程建设强制性标准的规定，确保系统安全可靠。

对农村新建建筑，各地要引导农户按照可再生能源建筑应用技术导则和标准设计图集，实施可再生能源建筑一体化应用，逐步淘汰非一体化产品。同时，各地建设主管部门要指导乡镇、街道制定改造计划，结合"三改一拆"、"四边三化"和"美丽宜居示范村"建设，对现有与建筑不协调的可再生能源建筑应用设施设备实施一体化改造，积极稳妥地推进有碍视觉景观的屋顶可再生能源建筑应用设施设备的整治工作。

三、切实落实可再生能源建筑一体化应用监管机制

新建民用建筑可再生能源应用应当与建筑主体同步设计、同步施工、同步验收。工程设计单位要严格按照有关法律法规、标准和规定做到可再生能源与建筑主体一体化设计；民用建筑节能评估机构进行节能评估，应当对可再生能源建筑应用一体化设计文件进行评估；建设主管部门进行民用建筑项目节能审查，应当对可再生能源建筑一体化应用情况进行审查，不符合一体化设计要求的不得出具节能审查意见书；施工图设计文件审查机构应当对可再生能源建筑应用一体化设计文件进行审查，不符合一体化设计要求的，不得颁发施工图设计文件审查合格书。施工单位要严格按照经施工图审查机构审查合格的可再生能源建筑应用一体化设计文件施工，不得擅自变更。工程监理单位应当严格按照经施工图审查机构审查合格的可再生能源建筑应用一体化设计文件进行监理。建设单位组织建设工程

竣工验收时，要将可再生能源建筑应用一体化实施情况作为查验的重要内容；不符合设计文件要求或强制性标准的，不得通过竣工验收。

四、积极推进可再生能源建筑一体化应用试点示范工作

各地要按照我厅《关于印发浙江省可再生能源建筑一体化应用试点示范工作实施方案的通知》（建设发〔2015〕335号）要求，认真组织开展可再生能源建筑一体化应用试点示范工作，并在试点示范基础上，不断总结完善，探索一套可再生能源建筑一体化应用工作机制。我厅将适时召开现场会，推广可再生能源建筑一体化应用试点示范工作经验，形成一批可借鉴、可复制、可推广的可再生能源建筑一体化应用示范工程，以点带面，切实转变我省可再生能源建筑应用方式，促进可再生能源特别是太阳能应用与建筑相协调，优化城乡景观环境。

同时，各地建设主管部门要主动与当地发改、经信、科技等部门联系，联动推进可再生能源建筑一体化应用工作，并积极组织高等院校、科研机构和生产企业开展科技攻关，研发出与建筑主体一体化程度更高、能效和性价比更好的可再生能源建筑应用设施设备。

14 浙江省人民政府办公厅关于推进浙江省百万家庭屋顶光伏工程建设的实施意见

浙政办发〔2016〕109号

（二）基本原则。

市场主导、政府引导。坚持以市场推动为主，建立公平开放的市场体系，鼓励社会资本、国有资本、银行保险等积极参与百万家庭屋顶光伏工程建设。强化政策引导，建立家庭屋顶光伏系统设计、建设、并网等技术规程和设计导则，严控工程质量，推动家庭屋顶光伏市场健康有序发展。

分类实施，创新模式。根据自有屋顶、集体住户屋顶、住宅周边公共建筑等不同产权屋顶以及各地实际情况，分类探索家庭屋顶光伏工程项目商业贷款、合同管理、政府统筹等不同投资建设模式，以及专业公司运维、建设方运维、国家电网公司运维等不同后期管理模式，在融资、建设、运维等方面创新形成可复制、可推广的成熟商业模式。

美观协调，保护生态。坚持光伏装置与屋顶、外立面相协调，与周边环境相和谐。通过提供设计导则、布局范例、安装规范以及示范推广等途径，推进屋顶光伏装置美观协调，成为美丽乡村、美丽浙江的一道风景。

（三）发展目标。

2016—2020年全省建成家庭屋顶光伏装置100万户以上，总装机规模300万千瓦左右；结合美丽乡村建设，在全省乡村既有独立住宅、新农村集中连片住房等，建成家庭屋顶光伏装置40万户以上；结合建筑节能推进光伏建筑一体化建设，在全省城乡新建住房、城市新建高（多）层住宅小区等，建成家庭屋顶光伏装置20万户以上；结合城市现代化建设，在各市、县（市、区）主城区高（多）层住宅小区、别墅排屋等既有建筑屋顶，建成家庭屋顶光伏装置20万户以上；结合光伏小康工程建设，在26个加快发展县和婺城、兰溪、黄岩3个区（市）（以下统称29县）的原年收入4600元以下低收入农户和省级结对帮扶扶贫重点村，开展光伏小康工程建设，建成家庭屋顶光伏装置20万户以上。

二、主要任务

（一）构建科学规划计划体系。组织编制全省太阳能发展规划，将实施百万家庭屋顶光伏工程作为全省太阳能发展规划的重要组成部分，明确总体目标、区域布局、政策举措等内容，统筹有序推进。编制百万家庭屋顶光伏工程年度实施计划，明确建设时序、重点区域，分解目标任务。经批准的太阳能发展规划、百万家庭屋顶光伏工程年度实施计划及其执行情况，依法及时向社会公布。

（二）推进乡村既有屋顶家庭光伏发展。以市场化推进为主，通过全款出资、商业贷款、出让屋顶、合同管理等建设模式，全面推动乡村独立住宅屋顶或庭院，以及新农村集中搬迁住房等既有建筑屋顶建设家庭光伏发电系统，至2020年覆盖全省所有乡村，融入百姓日常生活。

（三）推进新建建筑屋顶家庭光伏发展。省建设厅牵头制定出台新建建筑建设家庭屋顶光伏工程意见，突出和细化新建民用建筑屋顶安装光伏发电系统相关要求。通过政策引导，至2020年，全省多数乡村新建住房、城市新建高（多）层住宅小区等实现光伏建筑一体化建设。

（四）推进光伏小康工程建设。在29县的18万户低收入农户和2100个省级结对帮扶扶贫重点村，利用低收入农户、村级公共建筑、异地搬迁小区等屋顶以及农户庭院等，以政府补助、村户筹资、企业入股等方式，建设家庭屋顶光伏发电系统，发展壮大村级集体经济，增加低收入农户收入。对屋顶或庭院不适合建设的，可按照集中联户、以村带户等形式建设集中式"农光互补""渔光互补"光伏电站，其收益按照股比分配到户、到村。实施光伏小康工程的建成家庭屋顶光伏装置户数，按照实际受益户数进行折算。至2020年，全省光伏小康工程装机总规模达到120万千瓦以上。

（五）推进城市住宅屋顶家庭光伏发展。在城市集中连片商业住宅小区、保障性住房小区、高层公寓楼、别墅排屋等民居建筑及附近公共建筑屋顶，由居民联合体、住宅小区业主委员会、物业管委会等成立光伏开发主体，采用合同管理等模式，推进屋顶光伏发电系统建设。通过机制探索、典型示范等措施，实现城市家庭屋顶光伏系统从无到有、从疏到密。至2020年，全省各大城市多数大型商业住宅小区、保障性住房小区等集中连片安装家庭屋顶光伏装置。

（六）完善标准规范体系。根据不同地域、不同建筑类型以及新建、既有建筑屋顶，制定既有民用建筑加装光伏系统设计导则和农村新建建筑可再生能源一体化应用技术导则；完善家庭屋顶光伏发电并网标准，制定并网接入技术规程。

（七）创新建设推广商业模式。积极引导和推动光伏、能源等投资企业，银行、保险等金融机构，以及社会团体、广大百姓参与百万家庭屋顶光伏工程建设，及时梳理总结光伏贷、光伏养老、参股分红等已有的建设、融资经验，加快提炼建设、运维的成熟商业模式，并通过试点示范等方式予以推广。

（八）做好配网接入服务。将各地具备家庭屋顶光伏系统建设的区域纳入新一轮电网改造升级范围，保障家庭屋顶光伏系统按期并网。支持家庭自主选择全额上网或自发自用余额上网的并网模式，做好并网服务相关工作，及时发放光伏发电附加电价补贴。

（九）做好金融服务。积极推动银行、保险等金融机构与地方政府合作建立家庭屋顶光伏项目投融资服务平台，鼓励探索以售电收益权和项目资产质押的贷款机制，发展相关金融产品和保险产品，并不断完善金融服务，使其逐步成为成熟的金融、保险产品。

15 浙江省人民政府办公厅关于推进绿色建筑和建筑工业化发展的实施意见

浙政办发〔2016〕111号

（五）推进可再生能源建筑一体化应用。新建民用建筑应当严格按照国家和省有关法律法规规章要求，实施可再生能源建筑一体化应用，其应用规模应当符合我省工程建设标准《民用建筑可再生能源应用核算标准》（DB 33/1105—2014）的规定。可再生能源建筑应用设施设备应当与建筑主体进行一体化设计，并与建筑主体、周围环境保持协调美观。可再生能源建筑应用设施设备在平屋面设置的，应当利用"女儿墙"等建筑构件进行适当围挡；在坡屋面设置的，水箱等无接受太阳辐射要求的设施设备应当隐藏设置，集热器和光伏板应当与坡屋面进行一体化设置。各类可再生能源建筑应用系统的设计和施工应当符合相关工程建设强制性标准的规定，确保系统安全可靠。

16 浙江省低碳发展"十三五"规划

第五章 培养低碳生活方式

坚持以人为本，以绿色低碳理念引领社会生活和消费，有效控制建筑和交通等重点领域碳排放，鼓励和倡导低碳消费，努力形成低碳生活消费方式。

第一节 全面促进建筑低碳化

大力发展绿色建筑。深化实施新型建筑工业化，完善并全面执行绿色建筑标准，加快推广应用绿色建材，积极推行住宅建筑全装修，开展近零能耗建筑试点，推动可再生能源利用与建筑一体化的规模化应用。推进绿色生态城区和绿色农村建设，打造一批绿色、低碳、节能样板区。

加快推进建筑节能。严格执行建筑节能标准，以大型公共建筑和机关办公建筑为重点，开展屋顶墙面绿化、地源热泵等节能改造，有效控制公共建筑能耗。科学制定居住建筑改造计划，强化居民建筑节能普查、诊断和改造工作，提高建筑节能性能。

适度控制建筑规模。鼓励集约式城镇发展模式，因地制宜推广紧凑型建筑，合理开发城市大型公共建筑和推进基础设施建设，适度控制居住建筑规模，从源头上降低建筑的能源消耗和碳排放总量。

17 浙江省能源发展"十三五"规划

——能源消费结构。到 2020 年，全省非化石能源、清洁能源、可再生能源（含省外调入水电）和煤炭占一次能源消费比重分别达到 20%、31.9%、12.5% 和 42.8%；发电、供热用煤占煤炭消费比重 85% 以上；天然气消费比重达到 10% 左右；人均居民生活用电达到 1522 千瓦时，年均增长 14.2%；城镇人口天然气气化率达到 50% 左右。

——能源生产结构目标。到 2020 年，全省一次能源生产量达到 3226 万吨标煤（全部为非化石能源），年均增长 11.9%，其中，可再生能源 1805 万吨标煤。全省境内电力装机容量达到 9400 万千瓦左右，人均装机 1.67 千瓦；清洁能源装机容量达到 4665 万千瓦，占电力总装机容量的 49.6%。全省平均用电负荷率达到 80% 以上，供电可靠率达到 99.96% 以上，配电自动化覆盖率达到 91% 以上，配电通信网覆盖率达到 96% 以上，综合电压合格率达到 97% 以上。清洁能源装备产业实现年产值 1000 亿元以上。

——可再生能源综合利用基地。坚持分散利用与集中开发并举，因地制宜发展可再生能源，推动多能互补供能，加强综合利用。沿海和海岛地区重点发展海上风电、分布式光伏、潮汐能、风光柴储一体化集成供能等，内陆山区重点发展水电、生物质能、太阳能、风光水储一体化集成供能等，各城市、中心镇结合工业厂房、公共建筑屋顶、商业和旅游综合体等推进光伏、光热、地热能等利用，广大农村地区推进太阳能、屋顶光伏、沼气等利用。

——大力推进建筑节能。积极推广太阳能光热光电技术建筑一体化应用，扩大太阳能等可再生能源建筑应用，推进建筑屋顶分布式光伏建设。因地制宜发展换热型地源水源热泵技术，积极推进沼气、太阳能光热发电在农业农村建筑中的开发利用，推广高能效建筑用能设备。积极推进既有建筑节能改造，加快建筑能耗监测和节能运行监管体系建设。到 2020 年，城镇新建民用建筑实现一星级绿色建筑全覆盖，二星级以上绿色建筑比例达到 10% 以上；可再生能源在建筑领域消费比重达到 10% 以上；完成太阳能等可再生能源建筑应用面积 6000 万平方米，累计完成既有公共建筑节能改造 1000 万平方米。

——因地制宜发展分布式能源。在新设立开发区、新建大型公用设施等新增用能区域，通过分布式可再生能源和能源智能微微网等方式，实现传统能源与风能、太阳能、地热能、生物质能等能源的多能互补和协同供应。利用我省现有的城镇生活垃圾焚烧发电工程、大中型沼气工程，通过改造提升发展综合能源利用效率更高的生物质分布式能源项目；在现有开发区，挖掘利用工业余热、余汽、余压发展资源综合利用发电模式；在电网未覆盖的海岛地区，优先选择新能源微电网方式，加快微电网示范项目建设。

18 浙江省太阳能发展"十三五"规划

为指导我省"十三五"时期太阳能，特别是光伏发电快速、健康、有序发展，根据《浙江省能源发展"十三五"规划》、《浙江省创建清洁能源示范省实施方案》，结合国家《关于促进光伏产业健康发展的若干意见》、《能源发展战略行动计划（2014—2020年)》以及《国家能源局关于做好太阳能"十三五"规划编制工作的通知》等，编制《浙江省太阳能发展"十三五"规划》。本规划是指导浙江省"十三五"期间光伏发展的重要依据，规划年限为2016—2020年。

（三）发展目标

依靠技术进步和应用创新，全面加快实施光伏发电多元化应用，重点推进技术先进、效益综合的光伏发电应用示范区、示范项目建设。利用大型工业园区、经济技术开发区以及大型工商企业厂房等屋顶，规模化发展屋顶分布式光伏；利用荒坡荒地、沿海滩涂、设施农业用地等因地制宜、多能互补建设农光、渔光互补地面光伏电站；利用乡村、城市既有和新建家庭屋顶，实施全省百万家庭屋顶光伏工程建设。

至2020年，全省光伏发电总装机规模800万千瓦以上，其中，屋顶分布式光伏电站360万千瓦以上，地面集中式光伏电站440万千瓦以上，家庭屋顶户用光伏100万户以上。另外，至2020年全省太阳能热利用集热面积达到2000万平方米以上。

三、主要任务

（一）全力推动屋顶分布式光伏发电

在具备屋顶资源、就近接入、就地消纳等建设条件的地区，全力推动屋顶光伏发电的开发建设，重点在全省大型工业园区、经济技术开发区等工业厂房电力消纳集中区，连片建设大型屋顶分布式光伏发电系统；加快推进商场、学校、医院等公共建筑屋顶光伏发电系统建设；积极开发新建厂房和商业建筑等光电建筑一体化光伏发电系统，逐步形成多元化的分布式光伏利用市场。

到2020年，全省屋顶分布式光伏建设规模达360万千瓦以上。

（二）有序推进地面集中式光伏发电

充分利用荒山荒坡、沿海滩涂、设施农业用地以及鱼塘和水库水面等，因地制宜，有序开发农光互补、渔光互补等集中式光伏电站。在衢州、金华、丽水、绍兴等设施农业用地、丘陵山地丰富地区，积极发展农业大棚、农业种植等农光互补光伏电站。

在宁波、台州、温州、湖州等鱼塘和水库丰富地区，积极发展渔光互补光伏电站。积极探索地面光伏电站、漂浮式水面光伏电站与现代农业种植和渔业生产等有机结合的发展模式，切实发挥光伏电站多能互补的综合效益。

到 2020 年，全省地面集中式光伏电站建设规模达 440 万千瓦以上。

表 3-1 浙江省光伏发电规划布局表

单位：万千瓦

序号	地区	至 2020 年装机规模		
		屋顶分布式光伏电站	地面集中式光伏电站	合计
1	杭州	30 以上	30 以上	60 以上
2	宁波	30 以上	60 以上	90 以上
3	温州	25 以上	40 以上	65 以上
4	湖州	30 以上	60 以上	90 以上
5	嘉兴	100 以上	40 以上	140 以上
6	绍兴	30 以上	25 以上	55 以上
7	金华	30 以上	40 以上	70 以上
8	衢州	40 以上	70 以上	110 以上
9	台州	22 以上	40 以上	62 以上
10	舟山	3 以上	5 以上	8 以上
11	丽水	20 以上	30 以上	50 以上
合　计		360 以上	440 以上	800 以上

备注：2020 年各设区市分布式和集中式光伏发电装机规模为下限保障规模。

（三）全面实施家庭屋顶光伏发电

在全省范围内，选择有条件的农村独立住宅、新建民用建筑、新农村集中住房、城市高（多）层住宅小区、别墅排楼、贫困农户等各种类型民居屋顶，全面发展家庭屋顶光伏应用。坚持以市场推动为主，政府做好服务引导，鼓励国有资本、社会资本、银行保险等积极参与家庭屋顶光伏建设。同时，严控家庭屋顶光伏建设质量和美观协调，通过提供设计导则、布局范例、安装规范以及示范推广等途径，将家庭屋顶光伏建设成为美丽乡村、美丽浙江的一道风景，切实杜绝造成新的屋顶污染。

开展光伏帮扶工作，实施全省光伏小康工程建设。对 2014 年底调查认定的年收入低于 4600 元的低收入农户和省级结对帮扶扶贫重点村实施家庭屋顶光伏工程建设，使低收入农户和扶贫重点村通过家庭光伏发电收入，获得长期、稳定的增收，巩固"消除 4600"成果，解决扶贫重点村集体经济收入薄弱问题。

到 2020 年，全省完成 100 万户以上家庭屋顶户用光伏建设，其中光伏小康工程 20 万户以上，总装机容量达到 300 万千瓦左右，其中光伏小康工程 120 万千瓦左右。

（四）做好配电网改造升级

抓紧实施全省配电网，特别是新一轮农网改造升级工程，重点加强衢州、丽水、湖州以及温州洞头、文成、泰顺，金华磐安，台州三门等负荷较小、电源较多地区的电网建设投资力度。进一步完善农村、中心镇等配电网网架，提高配电网电压等级，扩充变电容量，加快智能电网建设，确保满足光伏发电项目及时并网和发电量全额消纳，支持光伏发电上网模式（全额上网或自发自用余额上网）的自主选择。

到 2020 年，全省配电网建设投资 700 亿元以上，其中，农网建设投资 400 亿元以上，推动城乡电网更加坚强，基本满足丽水、衢州等电网相对薄弱地区地面光伏电站和乡村百万家庭屋顶光伏发电的并网需求。

（五）稳步推进太阳能光热应用

进一步推广太阳能热利用技术，以城市综合体、学校、医院、宾馆、饭店、公共浴室、大型居住区等屋顶为主，安装太阳能集中供热水系统。加强宣传引导，实施财政补贴，结合城市住宅小区和新农村建设，在民用建筑中大力推广利用太阳能热水器。加快探索建筑屋顶太阳能热水器和光伏发电系统一体化应用的创新模式。

到 2020 年，全省太阳能热水器推广利用面积达到 2000 万平方米。

四、重点工程

（一）分布式光伏示范园区工程

加快建设嘉兴光伏高新区、杭州桐庐经济开发区、海宁经济开发区等国家级屋顶分布式光伏示范区。同时，进一步挖掘省内经济发达、用电负荷大的工业园区、经济技术开发区等集中连片工商企业厂房屋顶，新建省级屋顶分布式光伏发电应用示范区。

到 2020 年，全省建成装机 5 万千瓦以上大型屋顶分布式光伏发电应用示范园区 20 个以上。

表 4-1　浙江省屋顶分布式光伏应用示范区规划布局表

单位：万千瓦

序号	屋顶分布式光伏应用示范区	规划建设规模
1	绍兴滨海产业集聚区	15
2	杭州桐庐经济开发区	5
3	宁波杭州湾新区	15
4	嘉兴光伏高新区	10
5	杭州余杭经济技术开发区	15
6	吴兴工业园区	12
7	杭州大江东产业集聚区	11
8	海盐经济开发区	12
9	平湖经济技术开发区	10
10	海宁经济开发区	20
11	杭州经济技术开发区	8
12	杭州萧山经济开发区	6
13	杭州富阳经济技术开发区	5
14	温州经济技术开发区	10
15	湖州南浔经济技术开发区	26
16	绍兴上虞经济开发区	10
17	金华经济技术开发区	5
18	衢州经济开发区	12
19	衢州经济开发区东扩区块	6
20	台州湾循环经济产业集聚区	10
合　计		223

（二）大型地面光伏电站基地工程

利用宁波、台州、温州等沿海地市的滩涂，逐步建设10万千瓦级大型渔光互补地面光伏电站基地；利用衢州、湖州、金华和丽水等地市荒山荒坡、设施农业用地，标准化建设农光互补地面光伏电站基地，总结已有农光互补光伏电站建设经验，加快推动光伏与现代农业种植技术的有机结合，形成集绿色能源、高效农业、旅游观光、科普教育等为一体的10万千瓦级大型农光互补地面光伏电站基地。利用水库、河道等水面，加快探索漂浮式、拉线式水面光伏电站技术，示范性建设光伏与水面生态提升相结合的水面光伏发电示范工程。

到2020年，全省建成3个以上10万千瓦级大型渔光互补地面光伏电站基地；5个以上10万千瓦级大型农光互补地面光伏电站基地以及3个以上水面光伏发电示范工程。

（三）百万家庭屋顶光伏工程

利用乡村已有民用建筑、新建民用建筑、城市集中住宅小区以及贫困农户等千家万户民居建筑屋顶，标准化、普及化推动百万家庭屋顶光伏工程建设。到2020年全省建成家庭屋顶光伏100万户以上，总装机容量300万千瓦左右（规划布局见表4-2），主要如下：

——结合"美丽乡村"建设，至2020年，在全省乡村既有独立住宅、新农村集中连片住房等，建成家庭屋顶光伏40万户以上。

——结合光电建筑一体化建设，至2020年，在全省城乡新建住房、城市新建高（多）层住宅小区等，建成家庭屋顶光伏20万户以上。

——结合城市现代化建设，至2020年，在全省城市、县主城区高（多）层住宅小区、别墅排楼等既有建筑屋顶，建成家庭屋顶光伏20万户以上。

——结合光伏小康工程建设，至2020年，在淳安等26个加快发展县和婺城、兰溪、黄岩3个区（市）的2014年底调查认定18万户年收入4600元以下低收入农户和2100个省级结对帮扶扶贫重点村，开展光伏小康工程建设，建成家庭屋顶光伏20万户以上。

表4-2　浙江省百万家庭屋顶光伏工程规划布局表

城市	杭州	宁波	温州	湖州	嘉兴	绍兴
户籍人口（万）	716	584	814	264	348	443
家庭光伏户数（万户）	10.5	9	8	10	11	10
城市	金华	衢州	舟山	台州	丽水	合计
户籍人口（万）	475	256	98	597	266	4861
家庭光伏户数（万户）	11	12	0.5	8	10	100

备注：户数按照2014年浙江统计年鉴统计。

表4-3　浙江省百万家庭屋顶光伏工程实施时序表

年份	2016年	2017年	2018年	2019年	2020年	合计
户数（万户/年）	5	20	20	25	30	100

（四）光伏先进技术应用工程

积极鼓励互联网、智能电网、先进储能等技术，在大型建筑、工业园区、岛屿、城镇等不同规模范围内，特别是新建区和用能扩容区的探索应用，开展光伏等可再生能源与天然气等化石能源相结合的多能互补示范项目、微电网示范项目以及"互联网＋"智慧能源示范项目等先进技术应用工程建设。

到2020年，全省建设10个以上包含光伏发电的多能互补、"互联网＋"智慧能源以及微电网等示范项目。

（五）光伏发电应用示范区工程

以促进城镇、乡村可持续发展为目标，结合新型城镇化、新农村建设，按照"新城镇、新能源、新生活"的发展理念，充分利用城镇乡村可再生能源资源，加快国家新能源示范城市（包括嘉兴秀洲区中德新能源示范城市），以及省清洁能源示范县、新能源示范镇、家庭光伏示范村等建设，积极推动以光伏发电为主的可再生能源技术在城乡供电、建筑和交通等领域应用。

到2020年，全省建成30个500户以上家庭屋顶光伏应用示范镇，100个200户以上家庭屋顶光伏应用示范村。

19 浙江省公共机构节能"十三五"规划

（三）推进医院节能。实施管理能力提升工程，明确医院节能工作领导机构，建立健全各项制度，完善保障体系，建立节能长效机制。开展分工合作，加强日常管理，提高医院能源使用效率，降低服务成本。组织实施医院既有建筑绿色化改造示范项目，推进供暖、空调、配电、照明、电梯等重点用能设备节能改造，全省医疗机构新、改、扩建项目要按照《绿色医院建筑评价标准》、《浙江省绿色建筑条例》等相关法律法规进行设计和施工。推广太阳能光伏、光热、地源热泵等可再生能源应用，提高可再生能源在能源消费总量中的比例。建立资源回收利用长效机制，加强医疗垃圾、废旧商品、生活垃圾等分类收集。

（六）实施绿色建筑与可再生能源改造工程。开展绿色建筑行动，贯彻实施《浙江省绿色建筑条例》，新建国家机关办公建筑按照二星级以上绿色建筑强制性标准进行建设，安装建筑用能分项计量及数据采集传输装置，全面提升新建建筑能效。实施可再生能源应用工程，推进既有建筑节能改造，合理使用当地水源、地源、空气源等条件，按照国家和省有关标准利用可再生能源。力争到2020年底，完成县级以上行政中心太阳能光伏试点工程10个，热泵技术改造项目10个。对年能源消费量达500吨标准煤以上、年电力消费200万千瓦时以上、建筑面积1万平方米以上的公共机构或集中办公区开展能源审计。力争到2020年底，完成公共机构能源审计100项以上。

20 浙江省建筑节能及绿色建筑发展"十三五"规划

（三）推广可再生能源应用，提升建筑一体化应用水平

"十三五"期间，进一步完善可再生能源建筑应用工作举措。对新建居住建筑和国家机关办公建筑、政府投资或者以政府投资为主以及总建筑面积一万平方米以上的其他公共建筑，强制要求按照国家和省有关标准利用可再生能源，力争每年完成可再生能源建筑应用面积2000万平方米以上。同时，加大可再生能源建筑一体化应用工作力度，确保可再生能源建筑应用设施设备与建筑主体进行一体化设计，并与建筑主体外观、形态保持协调美观。

（五）可再生能源建筑应用推广工程

大力推广可再生能源建筑一体化运用。新建居住建筑和国家机关办公建筑、政府投资或者以政府投资为主以及总建筑面积一万平方米以上的其他公共建筑，应当按照国家和省有关标准利用可再生能源。通过实施《民用建筑可再生能源应用核算标准》，大力推进我省城乡建筑可再生能源建筑应用，力争每年完成可再生能源建筑应用面积2000万平方米以上，逐年提高可再生能源建筑应用比例，可再生能源建筑应用规模继续保持全国领先地位。同时，要按照《关于进一步加强可再生能源建筑一体化应用工作的通知》要求，可再生能源利用设施应当与建筑主体一体化设计，同步施工、同步验收，确保可再生能源建筑一体化应用的设计、施工、验收各个环节真正落实到位，使可再生能源利用设施与建筑和环境相协调，切实改善城乡景观面貌。

完善可再生能源建筑一体化应用技术标准。加快制定可再生能源建筑一体化应用技术标准，明确太阳能光热建筑应用一体化内容作为强制性条文，对城市新建建筑，强制推进分离式太阳能热水器或空气能热泵热水器。推进农村可再生能源建筑一体化应用技术导则和配套图集的编制进程，编制完成《农村新建建筑可再生能源一体化应用技术导则》和《既有民用建筑加装太阳能光伏系统设计导则》，引导农村建筑逐步淘汰使用非一体化产品，提升农村建筑可再生能源建筑应用一体化水平。

加强可再生能源应用产品和技术研发。鼓励科研单位、企业联合成立可再生能源建筑应用工程技术中心，加强科技攻关力度，加快产、学、研一体化。支持可再生能源建筑应用重大共性关键技术、产品、设备的研发及产业化。支持可再生能源建筑应用产品、设备性能检测机构和建筑应用效果检测评估机构等公共服务平台建设。完善支持政策，加大技术研发及产业化支持力度，扶持产业做强做优。

专栏三："十三五"期间各地区可再生能源建筑应用面积任务分解（万平方米）

地 区	2016 年	2017 年	2018 年	2019 年	2020 年	合 计
杭州市	400	440	460	480	500	2280
宁波市	400	440	460	480	500	2280
温州市	280	300	320	340	350	1590
绍兴市	140	150	160	170	180	800
湖州市	140	150	160	170	180	800
嘉兴市	180	200	220	220	220	1040
金华市	140	150	150	160	160	760
衢州市	60	70	70	70	80	350
舟山市	60	70	70	70	80	350
台州市	140	160	160	170	170	800
丽水市	60	70	70	70	80	350
合 计	2000	2200	2300	2400	2500	11400